DER RAUM
DAZWISCHEN

CATHERIN SEIB

DER RAUM DAZWISCHEN

TIERKOMMUNIKATION
ALS WEGWEISER

KOSMOS

Mehr entdecken, mehr verstehen

DAS

KOSMOS

VERSPRECHEN

Expertenwissen seit 1822

Welches Thema dich auch begeistert – auf unsere Expertise kannst du dich verlassen. Und das schon seit über 200 Jahren.

Unser Anspruch ist es, dich mit wertvollem Rat zu begleiten, dich zu inspirieren und deinen Horizont zu erweitern.

BEGEISTERUNG DURCH KOMPETENZ

Unsere Autorinnen und Autoren vereinen professionelles Know-how mit großer Leidenschaft für ihre Themen.

WISSEN, DAS DICH WEITERBRINGT

Leicht verständlich, lebensnah und informativ für dich auf den Punkt gebracht.

SACHVERSTAND, DEN MAN SEHEN KANN

Mit aussagestarken Fotos, Zeichnungen und Grafiken werden Inhalte besonders anschaulich aufbereitet.

QUALITÄT FÜR HEUTE UND MORGEN

Dafür sorgen langlebige Verarbeitung und ressourcenschonende Produktion.

INHALT

FÜR MILAN

Du bist nun frei. Raumlos, zeitlos, zügellos. Für immer im ewigen, perfekten Moment zuhause. In unendlicher Liebe, im immerwährenden Licht.
Dank dir weiß ich, wie es dort ist, im Himmel, im Paradies. Danke für die besten Momente meines Lebens, die endlos in meiner Seele abspielen.
Danke, dass du mich getragen hast. Aus der Dunkelheit ins Licht.
Danke, dass du uns deine zweite Lebenshälfte geschenkt hast. Danke, dass du uns hierhergebracht hast.
Mein zweites Leben hat hier angefangen. Ich verspreche dir, ich bleibe im Licht. So wie du.

In tiefster Liebe.
Deine Catherin.

VORWORT – WAHRHEITEN

Was ist real? Was nicht? Was bilde ich mir nur ein und was ist wahrhaftig? Diese Fragen stellen sich meine Schüler oft, wenn sie lernen, telepathisch mit Tieren zu sprechen. Bevor ich diese Arbeit begann, war ich lange sicher, dass so etwas wie Telepathie nur das Hirngespinst von Verwirrten sein kann. Ich hätte jede Erklärung zu Wahrhaftigkeit wegrationalisiert, hätte alles als psychische Einbildung oder Manipulationstechniken versucht zu erklären. Meine bestätigte Wahrheit war, dass es so etwas nicht gibt. Niemand hätte meine Meinung ändern können. Die Gesellschaft, die Wissenschaft, alle hätten mir zugestimmt.

Dann habe ich es selbst erlebt. Erst an meinem Hund, dann in eigenen Tiergesprächen. Nach sehr vielen Übungsgesprächen musste ich feststellen, dass Tiere wirklich mit uns sprechen können. Es war eine einfache Rechnung: Wenn über 90% der Fakten aus Tiergesprächen ohne Fragestellungen oder Hintergrundinformationen mit wildfremden Tieren, die ich nie getroffen habe und deren Menschen ich nie gesehen oder gesprochen habe, stimmen, dann kann das kein Zufall sein. Das musste ich mir eingestehen. Diese neue Wahrheit hat damals mein Leben komplett auf den Kopf gestellt. Ich musste meinen Job als Zootierpflegerin an den Nagel hängen und, aus demselben Grund, direkt danach noch zwei weitere Jobs. Einen als Gestütsleiterin und dann den als Filmtiertrainerin. Es war für mich nicht mehr vereinbar, mit Tieren zu sprechen, die aus wirtschaftlichen Zwecken gehalten werden. Also begann ich meine Selbstständigkeit. Das war 2009 und bis heute bin ich vollberufliche Tierkommunikatorin und Lehrerin der Tierkommunikation.

Jeder hat seine Wahrheiten. Man kann felsenfest davon überzeugt sein, dass Pferde nur gebisslos geritten werden dürfen, das Umfeld wird es einem bestätigen. Man sieht unzählige Negativbeispiele, in denen Pferde deutliche Schmerzen durch die Gebisseinwirkung zeigen. Das eigene Pferd mag keine Gebisse, man selbst findet die Vorstellung schrecklich und es gibt wichtige Studien, die die Wirkung von Gebissen horrorartig erklären. Jemand anderes meint, dass Gebisse helfen und dass gebissloses Reiten nie wirkliche Verbindung zum Pferd schaffen kann. Sein Umfeld wird ihn bestätigen: Gebisslos juckelt die Freizeitreiterin auf ungesunde Weise auf ihrem übergewichtigen Pferd durch die Gegend, welches beim Reiten schmerzhaft auseinanderfällt. Das eigene Pferd nimmt freudig sein Gebiss und brummelt, wenn es damit seine Lektionen perfektioniert. Man hat Studien gelesen, die die gymnastizierende Haltung des Pferdes beim Reiten durch Gebisseinwirkung mit weicher Hand bestätigen.

Beide Wahrheiten sind real und beide sind falsch. Selbst die Studien kommen durch ein einfaches Phänomen zu ihren Ergebnissen: Gedanken kreieren die Realität. Wenn ich etwas Bestimmtes unbedingt beweisen möchte, werde ich, bewusst oder unbewusst, die Umstände so erschaffen, dass sie zu meiner Wahrheit passen. Das, was ich visualisiere, ziehe ich automatisch an.

Durch die unzähligen Pferde- und Tiergespräche habe ich eins gelernt: Ich darf in dieser einen Stunde Gesprächszeit einen kurzen

Einblick in ein Leben erhalten, welches ein eigenes Universum ausfüllt. In dieser einen Stunde darf ich durch dieses kleine Fenster schauen, die Perspektive des Pferdes einnehmen und seine Wahrheiten kennenlernen. Ich darf spüren, sehen und hören, wie es sein Leben und seine Umwelt wahrnimmt. Ich habe gelernt, dabei nichts zu kategorisieren, zu interpretieren oder zu bewerten. Denn damit versuche ich bloß, die Welt dieses Pferdes in meine eigenen Schubladen zu pressen. Würde ich das tun, fiele an den Seiten Wichtiges einfach ab, damit die Wahrheit zu meiner passt. Dann hätte ich aber kein professionelles Pferdegespräch geführt, sondern dem Pferd bloß halb zugehört. Dasselbe gilt natürlich für den dazugehörigen Menschen. Wenn ich meine Arbeit gut mache, wird nicht nur der Horizont der beiden Gesprächspartner erweitert, sondern meiner gleich mit. Meine Gedanken ändern sich durch diese neue Sichtweise. Mein Gehirn findet neue Wege, mein Geist dockt immer mehr bei anderen Gedankenfeldern an, die außerhalb meines Tellerrandes existieren.

Dieses Buch geht diesen Schritt über den Tellerrand hinaus. Es beinhaltet die tieferen Erkenntnisse, die feinstofflicheren Zusammenhänge und den Sinn dessen, was Pferde und auch andere Tiere uns mitteilen, wenn wir ihnen zuhören. Für unser gesamtes Leben. Es geht weniger darum, die Faszination des telepathischen Austausches, der Tierkommunikation, auf oberflächlicher Ebene abzugleichen mit dem, was wir aus unserer Gesellschaft kennen und uns erlauben. Es ist bereits erhellend, Antworten auf menschliche Fragen zu bekommen.

Es geht aber vielmehr darum, den spirituellen Sinn, die Vernetzung unserer Gedanken, unserer Lebensaufgaben und unserer Energien mit unseren Pferden besser zu verstehen.

Nach dem Lesen meines ersten Buches „Wahre Freundschaft mit Pferden – Erlebnisse einer Tierkommunikatorin“ hat man vielleicht gut feststellen können, dass Pferde wahrhaftig mit uns sprechen, und mit meinem zweiten Buch „Gespräche mit deinem Pferd – Erste

Schritte zur Tierkommunikation“ konnte man sich selbst überzeugen, dass Tierkommunikation funktioniert. Dass ein Pferd einem ein echter Lehrer sein kann. Aber dass unsere Seelenschnittmengen viel mehr mitbringen als nur das Etikettieren unserer Rollen füreinander („Mein Pferd ist mein Spiegel“), das soll mit diesem Buch vermittelt werden. Es geht um die echte Verbundenheit, die passiert, wenn man sich auf die wahre Freundschaft eingelassen hat. Es geht um den Raum zwischen Pferdeleben in Menschenobhut und dem Sinn unseres Menschenlebens an der Seite unserer Pferde.

Es geht um den Raum dazwischen, den Raum unserer Liebe.

DIE BÄRENHÖHLE

2016:
Ich höre ihn schnaufen. Seinen vollen, kräftigen Atem, den er rhythmisch in die kristallklare, eiskalte Luft stößt, während er durch den knirschenden Schnee stapft. Ich liege bäuchlings auf seinem Rücken und verschwinde fast in seiner dunkelbraunen Wolle. Sein Fell ist so warm und weich, dass es ist, als würde mich ein großes Sofa durch diese weiße, wunderschöne, weite Landschaft tragen. Ich bin schlapp, liege einfach so da, meine Arme und Beine hängen von seinem mächtigen Körper und ich schaue auch nicht, wohin wir gehen. Er wird es mir schon zeigen, es ist mir egal. Nur hier, nur in diesem Moment, auf diesem wunderbaren Büffel, kann ich einfach ich sein. So müde und so verletzlich, wie ich eben bin. Nach all den Jahren, nach all den unglaublichen Dingen, die ich in meinem Leben schon gehört, gefühlt, gesehen und erschaffen habe, liege ich hier auf diesem Wisent, den es gar nicht mehr gibt. Er trägt mich, wie immer. Dafür ist er da. Er steht für die unendliche Fülle, für das immer Versorgtsein. Für das Vertrauen darin. Bis heute fällt es mir schwer, diese Botschaft anzunehmen, für die er steht. Es wird immer genug da sein, ich werde immer versorgt sein.

Und so liege ich da. Die Augen geschlossen, lasse mich von seinem Gang durch die Kälte schaukeln und genieße die Wärme und diesen würzig-weichen Duft seines Fells.

Doch irgendwann bleibt er stehen. Ich richte mich auf. Und schaue auf einen See, er ist gefroren. Auf ihm liegt Schnee. Er ist groß, weiß und weit. Ich erkenne in der Ferne ein anderes Ufer und stöhne innerlich: Oh nein, müssen wir hier nun rüber?

Ich nenne meinen Büffel bei seinem Namen, den nur wir beide wissen dürfen. Und bemerke im gleichen Moment, dass ich Fell auf meinen Armen trage. Es ist Bärenfell. Ich erschrecke. Trage ich etwa einen Bärenpelz? Nein, so ist es nicht. Das ist mein Fell. Ich bin ein Bär. Das wundert mich. Und mein Büffel sagt: „Schau dir diesen See an. Möchtest du da rüber?“ Ich muss nicht lange nachdenken: „Nicht wirklich. Wir könnten einbrechen. Das ist mir zu riskant. Müssen wir denn? Ich habe keine große Lust.“

„Wenn du ein Bär wärst, was würdest du nun tun?“, fragt mich mein Büffel.

„Ich würde mich in meine Bärenhöhle begeben. Ich bin müde und möchte mich dort einkuscheln, mich ausruhen und abwarten, schlafen.“

„Ganz genau“, sagt der Büffel. „Ganz genau das solltest du tun.“

„Ja. Und wenn der Frühling kommt, dann kann ich wieder herauskommen, ausgeschlafen. Ich kann mal schauen, wie ich dann weitergehe. Ob ich mich am Ufer des Sees bewege, die Früchte der Natur nasche und mich langsam zur anderen Seite begebe oder ob ich durch den See schwimmen möchte, um schneller dort zu sein.“

Mein Büffel nickt. Dreht um und trägt mich fort. Ich sinke zurück in sein Fell. Genauso ist es: Winterschlaf ist angesagt!

Als ich die Augen wieder öffne, sehe ich meine Schüler am Boden liegen. Sie haben sich wie kleine Tetris-Figuren auf Isomatten und Tierkissen gebettet in meinem Wohnzimmer auf dem Boden liegend arrangiert und lauschen meiner Trommel. Ja, ich trommle. Und gebe ihnen somit den Raum und die Zeit, sich mit Pferden und allen Tieren zu unterhalten. In ihrem Kopf. Innerlich lache ich kurz auf. Sie sehen so entspannt aus, so vertrauensvoll, so motiviert. Und ich fühle mich kein bisschen verrückt oder komisch, dass ich auf meiner Trommel den Herzschlag der Welt imitiere. Nein, es fühlt sich einfach richtig an. Und schön. Einfach selbstverständlich. Es ist eben so: Ich spreche mit Tieren, telepathisch, und scheine sehr gut darin zu sein, es anderen Menschen beizubringen. Ohne Tricks, ohne Esoterik. Ohne Mystik. Es geht, einfach so. Und die Leute machen es selbst. Seit sieben Jahren schon. Es gab nicht einen einzigen Kurs, in dem es nicht geklappt hätte, in dem die Leute nicht berührt und verändert nach Hause gegangen wären, nachdem sie bemerkt haben, wie einfach und naheliegend es ist, sich so mit Tieren zu verbinden.

Und doch bin ich es. Einfach ich, die ich immer schon war. Schon mit elf Jahren, als ich, so wie heute, in Gedanken auf meinem Büffel, damals auf May, meinem Lieblingspony, einschlief. Ich, die keine Lust auf Verantwortung hatte, schreckliche Angst vor Fremdbestimmtheit und immer wiederkehrenden, vor Langeweile mich erdrückenden Zwängen hatte. Auch diejenige, die sich schon mit drei Jahren so fühlte, als wüsste sie einfach. Ich bin es. Tini, die kleine Schwester, die Schulschwänzerin. Die schwierige Tochter und die coole Freundin. Die Wilde, die Musik brauchte, um zu fühlen. Die, vor der manche Angst hatten. Die gern allein ist. Die dachte, sie sei zu anders, um zu gefallen. Die sich gern vor ihrem Licht versteckte. Diejenige, die sich nur dann wirklich lebendig fühlt, wenn ein Pferd sie so schnell über das Land trägt, dass ihre Augen davon tränen. Wenn das Meer sie so oft durch den Wellenwaschgang schickt, bis sie Demut kennt und dann getragen wird von derselben Welle. Wenn sie zusammen mit Tausenden von Menschen einstimmig mit ihrer Lieblingsband Pearl Jam singt.

Dieses Ich sitzt da und trommelt. Einfach so. Es hat alles schon erlebt. Alles gesehen, alles getan, alles gefühlt. Dieses Ich, es war an Orten, die ich meinen nie geboren werdenden Kindern nie zeigen möchte. Es hat mitgespürt, was niemand fühlen sollte. Es hat erkannt und verstanden, was nicht zu verstehen ist.

Am Morgen nach dem Kurs werde ich durch das sehr laute Klingeln meines Festnetztelefons geweckt. Wie altmodisch, denke ich. Kaum einer hat überhaupt noch eine Festnetznummer. Aber ich mag das. Festnetz. Ganz fest sitzt es hier bei mir zu Hause und bedeutet: Ich arbeite hier. Dies ist mein fester Arbeitsplatz. Irgendwie brauche ich das, um nicht ins Absurde abzurutschen. Telepathie funktioniert überall. Immer. Distanz gibt es nicht in der Telepathie. Ob das Tier direkt neben mir sitzt oder ob es in Australien lebt und ich hier am Festnetz hänge, es macht keinen Unterschied. Die Verbindung ist immer gleich gut.

Ich könnte also von überall arbeiten. Ist das nicht grandios? Aber manchmal, da macht es mir Angst. Wenn ich könnte – wieso tue ich es dann nicht? Immer? Überall?

Ich möchte in meiner Höhle bleiben, den Winterschlaf einläuten. Meine Bärenhöhle ist mein winziges Schlafzimmer. Es ist unglaublich kuschelig und der Eingang ist auch noch geheim. Man muss durch den Schrank gehen. Niemand vermutet ein Zimmer dahinter. Nur das Festnetz. Das weiß genau: Ich bin hier drinnen. Und ich soll gefälligst herauskommen.

Der Anrufbeantworter springt an. Eine Frau spricht mit weinerlicher Stimme auf mein Band. Ihr Pferd, ein Notfall, er würde fast nichts mehr fressen, schon seit ein paar Tagen. Niemand wüsste, warum. Die Tierärzte auch nicht. Sie müsste entscheiden, ob er leben oder sterben solle und zwar schon morgen. Ich sei ihre letzte Hoffnung. Sie schnieft und dramatisiert. Ich habe wenig Mitleid mit ihr, kann schon an ihrer Nachricht heraushören: Es geht ihr nicht wirklich um das Pferd. Es geht um sie.

„Fies!", denke ich. „Jetzt verurteile doch die Frau nicht gleich!", und stöhne. Ich stehe auf und überlege, ob ich heute die Kraft haben werde für eine Menschenkommunikation. Denn eigentlich arbeite ich nicht mit Pferden. Sie sind der kleinste Faktor meiner Arbeit. Sie sitzen nicht gespannt oder verkrampft mit großen Augen auf meinen Stühlen, wenn der Kurs beginnt. Sie sind nicht mal dabei. Sie sind auch nicht diejenigen, die sich schwertun, zu verstehen, was ich sage. Sie sind auch nicht die, die schwierig zu verstehen sind, wenn ich telepathiere.

Ich arbeite mit Menschen. Und gebe jedes Mal alles, wenn ich es tue. All meine Liebe, all meine Kraft, all mein Verständnis, all meine Souveränität. Ich bin Profi. Dafür lasse ich mich auch bezahlen.

Aber heute – die Höhle ruft laut. Sieben Jahre lang immer alles gegeben zu haben, das lastet auf meinen Schultern. Mein Kurs war anstrengend. Ich brauche eine Pause.

Später dann zwingt mich mein Gewissen, mich doch mit der Frau und dem Wallach auseinanderzusetzen. Ich hinterlasse ihr eine Nachricht in meinem ruhigsten, liebevollsten Tonfall. Versichere ihr, dass sie heute gar nichts entscheiden müsse. Dass ich gern mit ihrem Pferd sprechen kann, noch heute Nachmittag.

Als ich dann im Stall bei meinen Pferden bin, ruft sie wieder an. Wieder hinterlässt sie eine weinerliche Nachricht, diese klingt für mich noch bedenklicher als die zuvor. Irgendetwas stimmt hier nicht. Aber der Wallach wird es mir schon sagen, denke ich.

Doch dieses Mal kommt es nicht so weit. Der Wallach, nein, die Frau wird einer der „1% - Fälle". So nenne ich die Fälle, in denen ich kein richtiges Pferdegespräch führen kann. Die Schüler meiner Pferdeflüsterer Ausbildung malen sich vor ihrem Abschluss, dem Profikurs, gern alle möglichen Problemfälle aus, was alles im Umgang mit Kunden passieren könnte. „Was ist, wenn mal jemand mich braucht, um über Leben und Tod zu entscheiden? Was, wenn ich falsch entscheide?“ oder „Was, wenn jemand mich testen will?“ oder „Was, wenn das Tier keine gute Antwort weiß?“. Die Menschen, die ich unterrichte, durchlaufen in meiner Ausbildung ca. 3 Stadien, bevor ich sie als Tierkommunikatoren in die Welt schicke: 1. Sie merken, dass es funktioniert und sie es sogar selbst können. Faszination, Rührung, pure Freude oder vielleicht ein leichter Schockzustand sind meist das Resultat davon. Wenn sie das verarbeitet haben und wiederkommen, dann kommt Schritt 2: „Ich mach' das jetzt! Ich lerne, wie ich längere Gespräche führe, und erkenne das größere Bild darin, was es heißt, mit Pferden und allen Tieren sprechen zu können.“ Das ist meist sehr motivierend und sie möchten die Sache erleben, üben, weitertragen. Im 3. Schritt stoßen sie an die Grenzen ihrer Welten. Sie bekommen Angst vor sich selbst. Und stellen sich Probleme vor. Die bringen sie mit in den Profikurs, in dem ich ihnen dann versichern kann: Ja, die gibt es. Aber das sind höchstens 1% aller Fälle, die man haben wird. Der Rest wird einfach nur pure Dankbarkeit sein. Vonseiten der Tiere, vonseiten der Menschen und von einem selbst, dass man so eine großartige Arbeit hat.

Ich rufe besagte Frau also an. Und bitte sie, mir kurz zu schildern, worum es geht. Sie ist immer noch in dramatischer Stimmung. Zusammengefasst frisst das Pferd seit einer Woche sehr schlecht, es trinkt nur sehr wenig, hat abgenommen. Er kann noch laufen, möchte gekrault werden und wirkt ansonsten normal.

Sie würde am Montag den Tierarzt wiedersehen, dem nichts mehr einfällt, als das Tier in die Klinik zu schicken, wo Operationen und andere drastische Maßnahmen warten würden. Und falls sie nichts finden, würde man das Pferd gleich nicht mehr aufwachen lassen. Ich frage nach: „Warum?“, und sie sagt: „Ich kann einfach nicht mehr!“, eigentlich ruft sie es eher, wieder halb weinend.

Kurz atme ich durch und überlege, ob ich wie immer arbeite: Der Frau einfach zuhören, die wichtigen Fakten herausfiltern, die ich brauche, um mit dem Pferd darüber zu sprechen. Volles Verständnis für ihre Gefühlslage haben, nicht werten oder beurteilen, was sie tut oder sagt. Dann das Pferd fragen und genau dasselbe mit ihm tun. Dann vermitteln, bis beide getröstet, zufrieden, zuversichtlich und angehört sind. Bis beide wissen, wie es dann weitergehen kann. Bis beide vom anderen wissen, was sie wissen möchten.

Aber nicht heute. Ich weiß jetzt schon, dass der Wallach nicht viel sagen können wird. Er hat es mir schon gesagt. Er weiß weder, was in ihm los ist, noch kann er helfen. Sein Körpergefühl ist nicht gut, er kann mir keine Symptome nennen. Er ist selbst ganz verängstigt und verschreckt, weil er schon gehört hat, dass er umgebracht wird, wenn er es nicht schafft, Futter in den Bauch zu bekommen. Er versucht verzweifelt, durch seine Kraulangebote die Frau aufzuheitern, aber seine Zeit tickt. Er weiß, dass sie keine Geduld hat und es nicht mit ansehen will, dass er ernsthaft krank ist. Und ich weiß auch schon, dass der Wallach erst wieder fressen und verdauen kann, wenn diese Frau aufhört, das schreckliche Drama um sich zu inszenieren. Denn es geht hier nicht um ihn. Es geht um sie.

Heute ist also nach sieben Jahren der erste Tag, an dem ich einem Menschen am Telefon das Tiergespräch verweigere. Und ich sage ihr auch, warum. Dass ich ihr nicht helfen kann. Dass ihr Pferd nichts Bahnbrechendes dazu sagen wird. Dass sie es selbst in der Hand hat und nur sie dem Wallach helfen kann. Sie möchte es nicht hören, ist weiter weinerlich und sagt: „Aber ich kann es nicht mit ansehen, ich habe keine Kraft dafür. Er schaut auf sein Futter, aber kann es nicht fressen. Ich weiß ganz genau, wie das ist! Ich war 20 Jahre lang magersüchtig!“

Und da wird mir klar, was ich herausgehört hatte, als ich ihre Stimme auf meinem Anrufbeantworter hörte. Es geht tatsächlich um sie. Das Pferd zeigt ihr schmerzlich ihre Wunden auf. Und sie möchte das nicht sehen. Sie würde ihn lieber sterben lassen, vermeintlich sein Leid verhindern, als sich dem Leben zu stellen und zu verstehen, dass sie an ihrem Pferd nun das gutmachen kann, was ihre Eltern vielleicht an ihr nie geschafft haben. Was sie selbst an sich nie geschafft hat. Sich zu vergeben, sich lieb zu haben, stark zu sein und zu wissen: Ich schaffe das. Wir schaffen das!

Und dann sagt sie auch noch: „Wissen Sie, ich glaube ja gar nicht an Ihre Arbeit! Aber Sie sind meine letzte Hoffnung."

Und da weiß ich es sicher: Ich werde für diese Frau kein Pferdegespräch führen. Nicht heute, nicht jetzt. Ich sage es ihr sogar: Dass es so nicht funktionieren wird, dass ich sie im Boot brauche, damit ihr Pferd wieder fressen kann. Dass sie es in der Hand hat, und wenn sie nur darauf wartet, dass ich das Problem für sie löse, sie sich das Geld für das Pferdegespräch sparen kann.

Ich bitte sie, ihrem Pferd nun eine gute Pferdemutter zu sein und als Erstes davon Abstand zu nehmen, ihm den Einschläferungstod in Aussicht zu stellen, wenn er nicht sofort zunimmt. Ich gehe sogar so weit, sie zu fragen, wie sie es wohl damals gefunden hätte, wenn man sie lieber eingeschläfert hätte, anstatt sich ihr Leid noch länger anzusehen? Ich bitte sie, für ihren Wallach nun das zu sein, was für sie damals niemand sein konnte. Ihm Zuversicht zu geben, für ihn stark zu sein und ihm Geborgenheit zu vermitteln. Damit er in der Lage ist, sich wieder zu ernähren. Damit er sich sicher fühlen und entspannen kann. Ich erkläre ihr, dass, auch wenn sie nicht an meine Arbeit glaubt, ihr Pferd mitbekommt, was sie denkt. Was der Tierarzt sagt, wie es aussieht. Er weiß, was auf ihn wartet und wie es ihr geht. Und er braucht sie. Ich rede auf sie ein, beruhigend, dennoch deutlich. Sie will es nicht so richtig hören. Ich mache also einen Deal mit ihr: Sie soll ihr Bestes geben für die nächsten zwei Tage. Für ihn da sein, ihm sagen, dass sie ihn liebt. Dass sie das Beste für ihn möchte. Sie soll versuchen, in Ruhe und Liebe bei ihm zu sein. Und aufhören, sich in der Dramatik der Situation aufzulösen.

Am Tag des nächsten Tierarzttermins, in drei Tagen, werde ich sie wieder anrufen. Falls der Wallach dann noch immer nicht fressen kann, verspreche ich, mit ihm zu sprechen.

Nachdem ich aufgelegt habe, schicke ich dem Pferd etwas Liebe. Und sage ihm, dass ich ihr mitgeteilt habe, dass er sie braucht. Er ist dankbar, erschöpft, wieder etwas hoffnungsvoller. Er sorgt sich um sie. Er weiß, dass er der Grund für ihre Verzweiflung ist und auch wieder nicht.

Dass ich nun doch ein Pferdegespräch geführt habe, verschweige ich ihr. Und stelle es ihr auch nicht in Rechnung.

Danach gehe ich zurück in meine Höhle. Vorher bestelle ich mir noch im Internet einen Schlafanzug aus Flanell in Bärenoptik. In Größe XL!

Zwei Tage später liege ich bis mittags im Bett. Das Bett hat eine magische Anziehungskraft, seitdem mir mein Büffel erzählt hat, dass es Zeit für Winterschlaf sei. Dieses alte Gefühl des Machenmüssens, dieses Getriebensein und der Erledigungsmodus, all das ist ausgeschaltet. Ich liege einfach da und verstehe, worum es geht: um den Moment. Wie oft habe ich das in den Jahren meiner Arbeit als Frau, die mit Tieren spricht, schon gehört? Tausende Male. Ich habe es weitergegeben, ich habe versucht, es selbst zu verstehen und zu leben. Aber bis heute weiß ich nicht genau, wie das geht. Ich musste erst vom Leben ein paarmal ordentlich in meinen schnellen, erledigungssüchtigen Allerwertesten getreten werden, um mir zeigen zu lassen: Alles ist vergänglich. Du, ich, Orte, Momente. Alles. Dass Materie nicht bleibt, das meinte ich bereits verstanden zu haben. Aber dass auch alles andere, woran Mensch so hängt, nur temporär ist und dass das auch noch gut so ist … damit tue ich mich schwer.

Also liege ich da und genieße. Denke kein „Wenn ich erst aufgestanden bin und dies und das erledigt habe, dann kann ich mich entspannen“. Das „Wenn-Dann-Prinzip“ nenne ich diesen Gedanken gerne. Das Wenn-Dann-Prinzip ist eine Illusion. Sich immer auf die Zukunft stürzend, den Moment nie als vollkommen betrachtend, so kann niemand glücklich sein. Und je länger man sich diesem Prinzip aufopfert, umso kraftloser wird man. Werde ich. Weil es keine oder kaum noch Momente gibt, in denen das Leben es schafft, einen zu überrumpeln und innehalten zu lassen, damit man staunt und Kraft tankt. Damit man sich öffnet und empfängt, was man verdient hat. In genau dem Moment. Immer wieder und immer neu.

Ich bin es bereits – kraftlos – und jetzt liege ich hier. Zufrieden damit. Mir ist mittlerweile alles egal. Ich bin immer wieder überrascht, wie schön das klingt: Es ist mir egal. Früher war das ein ungebetener Satz in meinem Kopf. Er klang negativ. Nun klingt er wie eine Befreiung: Ich muss da nichts beurteilen, muss nicht wissen, was gut und richtig ist. Ich muss nichts entscheiden und nichts wissen. Nichts lenken und nichts kontrollieren. Nichts organisieren. Denn das Leben, das ist schon klug genug. Es weiß, was es tut. Das haben mir die Tiere längst beigebracht. Also kann ich mich genauso gut dem einfach hingeben. Und den Ritt genießen.

Das Wenn-Dann-Prinzip hatte auch Vorteile. Es bedeutete, dass ich aktiv meine Welt gestaltet habe. Immer und immer wieder neu mit unermüdlichem Fleiß. Ich hatte die Illusion, dass alles in meinen Händen läge und je mehr ich mich um alles kümmerte, umso perfekter würde es werden. Ich kreierte und erschuf und manifestierte mit Lichtgeschwindigkeit. Was ich mir wünschte, kam im Handumdrehen in mein Leben geflattert.

Nur vergaß ich dabei, das Erschaffene zu wertschätzen, es zu lieben und darin zu leben. Es ging immer weiter. Wenn – Dann. Nie ankommen. Und auch meine erschaffenen Wünsche lösten sich wieder auf, wie Luftschlösser. Nichts blieb.

Nun liege ich hier. Ich habe nichts vor, keine Ziele, keine Visionen, keine zu erfüllenden Manifestationen. Die Schöpferin hat Pause.

Leere. Der Moment. Stille. Das Ticken der Uhr.

Da fällt es mir ein: Heute muss ich die Frau anrufen, deren Pferd nichts fraß. Es steht mir bevor. Ich habe keine Lust und überlege noch, wie ich mich davor drücken kann. Aber ich kann nicht.

Als ich sie anrufe, sagt sie mir unter Tränen, dass ihr Pferd gestern Nacht gestorben sei. Dass er vorher endlich fraß und auch endlich wieder eine Verdauung stattfand. Dass es eigentlich gut aussah, er glücklicher war und sie ganz für ihn da. Dass er aber nachts schwach wurde und irgendwann für immer einschlief. Sie ist völlig aufgelöst. Sie weiß nicht, woran er starb und was los war. Sie weint wieder und spricht wieder so theatralisch und egozentrisch von dem Vorfall, dass ich mich sehr schwertue, in meine Präsenz zu kommen.

Präsenz, so nenne ich die professionelle, innere Haltung, die ich brauche, um arbeiten zu können. In meiner Präsenz urteile ich nicht, ich übermittle. Ich verstehe, fühle, spreche. Aber nichts davon hat etwas mit mir zu tun. Ich bin wie ein hochenergetisches, weißes Blatt, welches Verständnis schafft. Auf welches beide Parteien schreiben dürfen und auf dem sich dann alles zu einer sinn- und verständnisvollen Geschichte zusammenfügt.

Doch mit etwas Aufwand finde ich auch jetzt in meine Liebe und lasse sie über all das strahlen. Höre die Frau an, tröste sie, sage ihr alles, was ich über das Sterben von Tieren gelernt habe. Auch, dass Sterben am Ende immer gut wird. Dass der Weg dahin schwierig sein kann, wie eine Geburt. Aber dass das Leben immer Recht hat und es ihrem Pferd nun sehr gut geht. Dass sie alles richtig gemacht hat und ihr Pferd dankbar ist, sich in ihrer Liebe und Fürsorge endlich entspannt haben zu können, als sie endlich für ihn da war. Dass er durch diese Geborgenheit und Liebe erst den Raum finden konnte, seinen Weg zu gehen. Dass sie ihm ein unglaubliches Geschenk gemacht hat, diese Kraft für ihn aufzubringen, und ihm so einen Tod durch Einschläfern erspart hat. Ich sage ihr, dass Sterben keine schlimme Sache ist. Nichts, was um jeden Preis verhindert oder abgekürzt werden muss. Dass dies auch gar nicht möglich ist. Dass jedes Lebewesen seinen eigenen Weg dahin hat und dass das Beste, was man seinem Tier dabei geben kann, eine passive Begleitung ist.

Passive Begleitung. Passiv klingt, als würde man das Tier seinem Leid überlassen. Aber so ist es nicht gemeint.

Wir lernen, aktiv für unsere Pferde und Haustiere da zu sein. Wir entscheiden für sie, jeden Tag. Was sie fressen, wohin sie gehen, was sie tun, mit wem sie leben, womit sie sich beschäftigen. Wir erwarten sogar, dass sie sich so verhalten, wie wir es für richtig verhalten. Wir müssen auch über ihre medizinischen Versorgungen entscheiden. So haben wir es gelernt.

Wenn ein Tier seinem Lebensende entgegengeht, ist es oft schwer, das zu akzeptieren. Wir fahren dann nochmal voll auf. Versuchen alles, um es zu erhalten.

Und in diesem Akt der Anstrengung, das Unvermeidliche abzuwenden, vergessen wir ganz, ihm das zu geben, was es am meisten braucht: Ruhe und Frieden.

Mit passiver Begleitung ist genau das gemeint. Ich akzeptiere und respektiere die Wünsche des Tieres. Ob es eine Behandlung überhaupt möchte. Ob es überhaupt fressen und trinken möchte. Ob es noch geistig anwesend sein muss oder eben nicht.

In den letzten Phasen des Lebens bereiten sich Tiere auf das Sterben vor. Das heißt, dass sie manchmal gar nicht mehr richtig anwesend sind. Sie sind dann schon mal kurz weg. Aus dem Körper raus. Das kann komisch aussehen, fremd, beängstigend. Es kann auch sein, dass das Tier aussieht, als würde es leiden. Aber tatsächlich, wenn man es anspricht, fühlt es gar nichts. Manche Tiere haben auch Schmerzen und bitten um Schmerzmittel. Manche möchten keine.

Es kann sein, dass ein Tier die Aufnahme von lebenserhaltenden Dingen einfach einstellt. Das fühlt sich dann auch nicht wie Verhungern oder Verdursten an. Sondern ist einfach eine Entscheidung des Körpers, sich nun zu reduzieren und nach und nach abzuschalten, damit die Seele ihren Weg dann final aus dem Körper schaffen kann. Das Sterben an sich ist etwas sehr Intimes. Vergleichbar mit einer Geburt. Manche Wesen möchten das für sich alleine machen und brauchen dazu viel Energie und einen sicheren Raum. Andere rutschen einfach ganz locker und leicht aus ihrem Körper heraus und genießen es, dabei noch alle Lieben um sich herum zu haben.

Für das Sterben gibt es keine Regeln. Kein Richtig oder Falsch. Es gibt nur: Hinsehen, Wahrnehmen. Passiv begleiten.

Für den Menschen bedeutet das passive Begleiten, dass er akzeptiert, was nicht mehr in seiner Hand liegt. Dass das Tier gehen wird. Dass er seinen Frieden damit macht. Damit auch das Tier es kann. Dass man jeden Tag neu fragen kann, was heute hilft, dabei aber in der Akzeptanz des Ist-Zustandes verweilt. Wenn ein besorgter Mensch aufgeregt um das sterbende Tier turnt, wird dieses vermutlich keinen Frieden finden und es im Sterben schwer haben.

Es bedeutet auch, zu verstehen, dass es gut so ist. Dass man nur lieben kann. Nur zu lieben braucht. Alles andere regelt sich von allein. Wir sind alle hier, um zu lieben. Nicht mehr und nicht weniger als das.

Die Frau hat es geschafft. Sie hat ihrem Pferd am letzten Wochenende ihre Liebe und Geborgenheit geschenkt. Sie war an seiner Seite, sogar nachts. Sie hat den Frieden mit ihm gemacht, sodass er schlussendlich seinen eigenen Weg gehen durfte.

Irgendwann lege ich auf und fühle mich etwas leer. Ich hätte ihr sehr viel lieber anders geholfen. Eine Erklärung gegeben für das, was ihr Pferd hatte. Ihr gesagt, was sie tun soll, damit er weiterleben kann. Er war nicht mal alt. Auch mir fällt das oft noch schwer, diese Akzeptanz, dass am Ende alles so läuft, wie es laufen soll. „Das große Bild ist immer perfekt", sagt mein menschlicher Lehrer Torsten oft zu mir.

Manchmal nervt mich dieser Satz. Aber er stimmt. Ich habe hier nichts zu tun, außer zu lieben, zu verstehen und zu vermitteln. Ich kann nicht hexen, kann nicht wunderheilen und keine Zukunft voraussagen. Ich kann immer nur sagen, was das Tier mir sagt. Am Ende wird das passieren, was passieren soll. Und das wird richtig sein, auch wenn ich es aus meiner Sichtweise nicht verstehen kann.

Eine Woche später erhalte ich eine E-Mail von dieser Frau. Sie schreibt, dass sie sich dank meiner Worte mit Sterbephasen befasst hätte und feststellen konnte, dass ihr Pferd sie alle durchlief. Dass sie nun auch weiß, dass ihr Wallach nicht grundlos gegangen sei, sondern um ihre Beziehung zu den Tieren zu vertiefen. „Ja, ich glaube, mein Pferd wollte mich auf diesen Weg bringen. Ich habe Sie ja in meiner tiefsten Verzweiflung angerufen und mit einer riesigen Angst, enttäuscht zu werden. Sie haben mir mit dem, was Sie mir sagten, sehr geholfen auch, wenn ich es erst gar nicht wahrhaben wollte, und auch, wenn Sie nicht das Pferdegespräch geführt haben, wie ich es mir eigentlich wünschte und vorstellte."

DIE KRAFT DER GEDANKEN

Wenn man versteht, dass Telepathie funktioniert, wir also mit anderen Wesen unsere Gedanken über jegliche Distanz austauschen können, dann öffnet sich eine neue Sichtweise auf unser Leben.

Vordergründig ist es erstmal sehr hilfreich, seinem Pferd Fragen stellen zu können. Die Antworten vom Pferd selbst zu erhalten, anstatt in mühsamer Ausschlussarbeit mit einer Handvoll Pferde-Experten dem Problem näherzukommen, ist wegweisend. Dass Pferde auf manche Fragen dann unerwartete Antworten geben wie „eigentlich brauche ich gar keinen Sattel," oder „ja, mir tun die Knochen weh, aber ich möchte dich trotzdem ab und zu tragen", das verändert dann langsam, aber sicher die Sicht auf unsere Pferde. Wenn dann noch tiefer gehende Antworten über das Leben seines Menschen vom Pferd kommen, welche man einem Tier eigentlich nicht zugestanden hatte, dann versteht man, dass die Verbindung zwischen uns und unseren Pferden noch tiefer geht, als wir uns vorstellen konnten. Man beginnt zu grübeln: Wenn Gedankenübertragung mit meinem Pferd funktioniert, was funktioniert dann noch? Allem Anschein nach ist das, was uns gemeinhin gesellschaftlich als möglich oder unmöglich beigebracht wird, nicht immer korrekt.

Die Gedankenübertragung, also der reine Austausch an Informationen, ist aber nicht der einzige Effekt der Telepathie zwischen Lebewesen. Es ist schon großartig, dass das so geht. Der Schlüssel zu lebensverändernden Pferdegesprächen aber ist es, in Lösungen zu denken und nicht in Problemen. Die richtige Frage hierfür ist: „Was brauchst du, um glücklicher / gelöster / angstfreier / gesünder zu sein?“ Alles, was das Pferd dann äußert, sollte in seinen Möglichkeiten mit seinem Menschen besprochen werden. Ebenso ist das, was der Mensch braucht, um mit seinem Pferd glücklicher zu sein, ein genauso wichtiger Faktor. Wenn dann ein gemeinsames Bild der möglichen Zukunft dabei entsteht, ist es wichtig, dieses Bild so detailgetreu wie möglich zu transportieren. Was ist der gewünschte Soll-Zustand? Kann ich mir vorstellen, wie ich ganz entspannt und freudig eine große Runde mit meinem Pferd ausreiten gehe und wir dabei schöne Galopps, aber auch lockere Schritteinheiten am langen Zügel miteinander erleben? Oder stelle ich mir bei dem Gedanken an einen Ausritt direkt vor, wie mein Pferd nervös wird, durchgeht oder umdreht und ich bekomme bei der Vorstellung womöglich direkt Herzrasen? Wenn ich es mir als Mensch nicht vorstellen kann, dann wird es für die absolute Mehrzahl aller Pferde so gut wie unmöglich sein, es anders zu machen als das, was der Mensch antizipiert. Ganz einfach, weil das Pferd direkt mitbekommt, was sein Mensch über den geplanten Ausritt denkt, und auch, wie er körperlich darauf reagiert. Das Pferd wird dann genau diese Vorstellung bedienen. Wie könnte es als sensibles Herden- und Fluchttier auch anders? Sein Leben hängt davon ab, in absoluter Verbindung zu seinen Herdenmitgliedern zu sein und gemeinsam zu agieren.

Was man sich nicht vorstellen kann, das kann nur schwer passieren. Den Gedanken zu öffnen für eine neue, gewünschte Version der problematischen Situation im Leben der Pferde und Menschen, die ich in meiner Zeit als Tierkommunikatorin schon gesprochen habe, ist ein wichtiger Teil meiner Arbeit. Manchmal braucht man Hilfe von außen, um aus Altem auszusteigen und Perspektiven für neue Wege zu erschaffen. Da geht es unseren Pferden nicht anders als uns. Und das ist dann mein Job.

Nicht jedes Tier ist immer nur glücklich, nicht jedes Tier weiß immer um den schönen Moment. So wie Milan auch seinen Rucksack trug, so tragen viele traumatisierte Tiere herum, was vorher war. Manche brauchen einfach Zeit, Verständnis und Liebe. Doch viele von ihnen wissen, was zählt: nämlich genau das, was jetzt ist. Und dass dieses Wissen der Schlüssel zu ihrem Glück ist.

Ich habe mal mit einer Stute gesprochen, die aus einer schlimmen Zucht kam. Die ersten zwölf Jahre ihres Lebens verbrachte sie in einer winzigen Box in einer Scheune und bekam jedes Jahr ein Fohlen. Bis ihr Körper nicht mehr konnte. Sie wurde gerettet und lebt heute bei einer sehr liebevollen Familie. Als ich sie fragte, wie es ihr gehen würde, sagte sie: „Hervorragend. Ich bin so ein Glückspferd! Diese Menschen sind unglaublich liebevoll und es gibt nichts Schöneres, als jeden Tag in dieser Liebe zu baden." Auf meine Nachfrage, ob sie denn nicht von dem, was früher war, sehr belastet sei, sagte sie: „Es war schlimm, aber es ist vorbei. Ich lebe lieber im Hier und Jetzt, damit ich nichts verpasse von all dem Glück. Es geht nur darum, diese Liebe jetzt zu erleben. Wie könnte es mir da schlecht gehen?"

Ich liebe solche Pferdegespräche. Sie erinnern mich daran, wie einfach es ist, glücklich zu sein. Es ist oft die Entscheidung, alle belastenden Gedanken aus der Vergangenheit und über die Zukunft wegzulassen. Das eine lässt sich nicht mehr ändern und das andere liegt eh viel weniger in meiner Hand, als ich immer dachte. Warum also sollte ich mich damit plagen? Solche Tiere wie diese Stute sind meine Vorbilder. Sie sorgen sich weniger darum, ob sie morgen noch genug haben oder was sie noch erreichen müssen, um gut zu sein. Sie sind bereits perfekt und dankbar für das, was jetzt ist.

Über das Werkzeug des Schaffens neuer Situationen in Gedankenform mittels Telepathie sind seit Anbeginn meiner Arbeit immer wieder die kleinen Wunder nach den Tier- und Pferdegesprächen eingetreten, die meine Arbeit so besonders schön und wertvoll machen. Ich habe über Erfahrungen mit meiner Stute Mouna, meinem ersten, eigenen Pferd, ziemlich schnell erkannt, dass wir unsere Realität gemeinsam ändern können, wenn wir im telepathischen Austausch bleiben. Erst über die vielen gemeinsamen Jahre, die wir mittlerweile miteinander verbracht haben, konnte ich erkennen, dass diese gemeinsame Lebensschaffung weit über einen direkten, vordergründigen Effekt hinausgeht. Unser gemeinsames Leben hat eine Dimension angenommen, die ich niemals für möglich gehalten hätte. Mein Leben hat sich unfassbar stark gewandelt und der Sinn meines Daseins, die Erfüllung meines Seins, hat sich um ein Vielfaches potenziert. Weil ich mit Tieren, mit Pferden, ganz besonders mit meinen eigenen Pferden spreche.

Die Tiere und allen voran meine Pferde haben mir also beigebracht, wie ich mein Leben in seiner besten Form lebe. Wie ich es schaffe, ich selbst zu sein und meinen Auftrag hier zu erfüllen. Auch über den Tod hinaus und schon vor ihrer Geburt habe ich mit Tieren gesprochen, die mir gute Helfer, Begleiter und Wegweiser waren. Über Gespräche mit physisch nicht (mehr) anwesenden Tieren und Pferden möchte ich später noch berichten. Die Verbundenheit mit meinen und allen Tieren hat mit sich gebracht, dass ich meine telepathischen Fähigkeiten nicht nur für meinen beruflichen Auftrag, sondern auch für meine eigene Lebensgestaltung nutzen konnte, über das direkte Gespräch mit Tieren noch hinaus.

GEDANKEN SCHAFFEN REALITÄT

Mein erstes, telepathisch bezeichnendes Erlebnis, an welches ich mich erinnern kann, hatte ich mit 17 Jahren. Damals lebte ich in Kolumbien und hatte einen Freund. An diesem Tag hatte ich Bauchschmerzen und schlief damit ein. Ich war eine gute Schläferin und wachte so gut wie nie nachts auf. Aber in dieser Nacht wachte ich auf. Mein Schmerz war weg. Ich schaute aus dem Fenster, ob die Hunde im Garten etwas gehört hatten, aber sie schliefen tief und fest. Ich war einfach wach, kein bisschen müde. Ich schaute auf die Uhrzeit, es war 2:11h. Ich wunderte mich, schlief dann aber wieder gut ein.

Am nächsten Tag erzählte mir mein Freund, dass er geträumt hätte, er wäre nachts aus seinem Bett aufgestanden, wäre den Weg von seinem zu meinem Haus zu Fuß im Dunkeln über leere Straßen gelaufen, wäre in mein Zimmer gekommen und hätte seine Hände heilend über meinen Bauch gehalten. Nach ein paar Minuten hatte er sich erhoben und war im Traum wieder nach Hause gegangen. Er sei danach von dem Traum aufgewacht. Ich fragte ihn, wann das gewesen war. Es war um 2:11h.

Solche Vorkommnisse waren für mich damals noch völlig erstaunlich, nicht real, unerklärbar. Sogar gruselig.

Ein ähnliches Erlebnis in Traumverbindung mit meinem Partner hatte ich zehn Jahre später in Deutschland. Ich träumte, noch bevor wir uns zum ersten Mal verabredeten, hintereinander in verschiedenen Nächten, von sechs verschiedenen Kennenlern-Treffen mit diesem mir oberflächlich bekannten Mann, der später mein Partner werden sollte. Diese Träume waren alle sehr detailgetreu und keine gewöhnlichen Treff-Szenarien, sondern es kamen Orte wie ein Spielplatz in einem Freizeitpark und ein See darin vor. Als wir uns dann tatsächlich näher kennenlernten, fand dies auf dem Spielplatz des Freizeitparkes statt. Danach liefen alle anderen vorgeträumten Treffen ziemlich genauso und in der geträumten Reihenfolge ab.

Mittlerweile ist es für mich normal, kleine Vorhersehungen zu haben oder zumindest ein deutliches Gefühl für die Entwicklung einer Situation in nächster Zukunft zu spüren. Ich weiß dann, dass es echt ist. Das Gefühl zwischen der Wahrheit, die meine Seele spürt und weiß, und meinen Kopfgedanken, die vielleicht zweifeln oder sich ängstigen, sind mittlerweile fast immer gut auseinanderzuhalten. Dass ich gelernt habe, darauf zu vertrauen, macht einen absoluten Großteil meiner heutigen inneren Ruhe aus. Ich hatte zwar als Kind schon das Gefühl, mehr zu wissen als andere, aber ich konnte mir nicht erklären, wieso. Ich tat das dann ab und fand es sogar bedenklich, dass ich mich so wahrnahm und dass ich irgendwie anders war. Zum Glück war und bin ich aber keiner der Menschen, die ganz klare, eindeutige Visionen einschneidender Vorkommnisse erhalten. Wenn ich mich darum bemühen würde, wäre ich vielleicht eine gute Hellseherin, aber ich empfinde es als besser, es andersherum zu betrachten: Ich spüre gut, welche Realität sich gerade erschafft, und kreiere die Realität mit, indem ich die Richtung gedanklich weiter vorgebe. Wie genau sie dann passiert, das lasse ich los.

Dennoch war ich mal auf einem Seminar des bekannten Hellsehers und Mediums Martin Zoller. Er unterrichtete die „Remote Viewing"-Technik, die ich als interessant und hilfreich für meine Arbeit einstufte. Er erklärte, in meinen Augen sehr treffend, wie es sich mit der Zukunftsvorhersage verhält. Was ich daraus verstanden und für mich weitergedacht habe, ist dies: Die Zukunft steht nicht festgeschrieben, sondern sie ist wandelbar. Aber wie sie verläuft, das ist ein Produkt der Vergangenheit und der derzeitigen Richtung. Wenn jemand in einem Auto mit 100 km/h auf eine Wand zurast und rechtzeitig über die Gefahr des Aufpralls informiert ist, dann kann er durch Lenken noch eingreifen und den Aufprall vermeiden. Wenn er aber nur 10 Meter davor bemerkt, worauf er zufährt, dann ist der Aufprall unvermeidbar. So kann man also Teile der Zukunft vorhersehen, aber je mehr man sich des Steuerrades selbst bemächtigt und vorausspürt, umso besser kann man seine eigene Realität erschaffen. Dabei spielen die Gedanken eine ausschlaggebende Rolle. Unsere Gedanken bestimmen unsere Taten.

Auf besagtem Seminar gab es eine Übung, in der wir nur einen Code bekamen, der für etwas stand, das wir Teilnehmer nicht kannten. Ein völlig zufällig erstellter Code, dessen Zeichen nichts herleiten ließen. Das Vorkommnis, der Gegenstand, das Bild, der Ort oder die Situation, mit denen der Code verbunden sein sollte, war vom Seminarleiter bestimmt. Wir sollten telepathisch hinter diesen Code gehen und schauen, was wir wahrnahmen.

Als ich das tat, fand ich mich gedanklich selbst auf einer Kreuzung wieder. Meine Perspektive war die eines kleinen Menschen. Alles war sehr groß, es gab viele Menschen. Die Straßen waren voll, die Gebäude eng gebaut, überall waren Schilder, Kabel und Chaos. Ich konnte die Schriftzeichen auf den Schildern nicht entziffern, sie waren mir fremd. Alles war mir fremd. Ich fühlte mich verloren, alleingelassen und in Gefahr.

Als ich an der Reihe war, meine Eindrücke zu berichten, schaute mich der Seminarleiter erstaunt an und sagte nur: „Interessant." Die Auflösung hinter dem Code war der Fall eines vermissten Jungen, der vermutlich entführt worden war. Man mutmaßte, er wäre ins asiatische Ausland verschleppt worden. Als ich das hörte, wurde mir kalt, denn meine Eindrücke ergaben einen Sinn.

Telepathischer Austausch ist also auch mit Menschen sehr gut möglich. Menschen sind ebenfalls Säugetiere, auch wenn wir uns mit der Idee schwertun. Uns fällt es oft schwer, aus unserem Speziestunnelblick heraus zu verstehen, dass wir nur eine Gattung unter vielen sind. Aber darum soll es hier nicht gehen. Sondern um die Möglichkeiten der Telepathie. Ich habe mich bewusst dagegen entschieden, diese Arbeit nur für Menschen anzubieten. Ich bin hier, um Pferden und ihren Menschen zu helfen. Nicht, um ein Medium nur für Menschen zu sein. Das fühle ich schon immer, auch wenn ich mir zwischendurch die Frage stellte, ob es anders sein sollte.

Es gab eine Zeit, in der ich von Freunden und Bekannten öfters gefragt wurde, ob ich für sie nicht auch mit Menschen kommunizieren könnte. Manchmal sagte ich zu, und so sprach ich mit einigen Babys, die unerklärbare Probleme hatten. Ein Baby schrie unaufhörlich, bis es mir sagen konnte, dass es traumatisiert worden war von einem Sturz im Mutterleib. Die Mutter beschrieb mir, dass sie schwanger auf der Treppe gefallen war. Ich konnte dem Baby dann mitteilen, dass diese Gefahr vorüber ist und ihm so etwas nicht mehr passieren wird. Danach war es ruhig, das ewige Schreien hörte auf.

Ich konnte also zwar helfen, aber für mich waren diese Erfahrungen zu „nah dran". Ich erfuhr manchmal Dinge über die Beziehungen meiner Freunde und Bekannten, die ich gar nicht wissen wollte. Trotzdem war es schön, die Erfahrung zu machen, dass auch Babys schon ein weises Bewusstsein haben. Sie wissen, spüren und bekommen viel mehr mit, als viele ihnen zutrauen.

Als ich mit einer Freundin einmal abends in einer Bar saß, kam eine Freundin von ihr dazu, die ich noch nicht kannte. Ich erzählte, was ich beruflich tat und ihr Interesse an meiner Arbeit wuchs stetig, ihre Augen wurden immer größer. Sie fragte immer mehr und irgendwann, im Halbdunkel der Bar, nahm ich wahr, dass jemand neben ihr stand, der gar nicht da war. Ein schlanker, nicht allzu großer Mann fortgeschrittenen mittleren Alters, vielleicht Ende 50. Mit dunklen Haaren und einer kleinrahmigen Brille und einem netten Grinsen. Ich wusste schon, was kommen würde, als sie mich fragte: „Kannst du auch mit Menschen sprechen? Mit Verstorbenen?“ Ich antwortete etwas im Sinne von: „Theoretisch schon, aber bisher habe ich es vermieden, mit verstorbenen Menschen zu sprechen. In deinem Fall aber werde ich wohl eine Ausnahme machen.“ Sie erzählte mir, dass ihr Vater zu früh gestorben wäre. Sie wären drei Schwestern und es wäre für sie alle unfassbar toll, noch einmal mit ihm reden zu können. Ich hatte das Gefühl, dazu nicht Nein sagen zu können, also vereinbarten wir einen Termin. Ich bekam ein Foto von dem Mann, den ich schon gesehen hatte. Dasselbe Grinsen, diese Brille, diese Haare. Er war mit Ende 50 verstorben.

Das Gespräch verlief gut, er war sehr redefreudig und benutzte einige Redewendungen gegenüber seinen Töchtern, die sie von ihm aus dem Leben kannten. Für mich war es in Ordnung, aber etwas unangenehm. Es war, als hätte er mich mehr oder weniger genötigt, das für ihn zu tun, und ich fühlte mich danach merkwürdig. Ich sah danach keine weiteren Geister, die mich brauchten, weil ich in meinem Energiefeld die klare Information gespeichert habe, dass ich kein Interesse mehr an Menschengesprächen dieser Art habe. Mein Auftrag ist primär die telepathische Arbeit für Pferde und sekundär für alle anderen Tiere im Allgemeinen.

Als ich vor ein paar Jahren im Biomarkt in Neumünster einen Flyer des Schamanen Agustín fand, da wusste ich, dass wir an seinen

Aura-Readings teilnehmen sollten. Eigentlich bin ich kein großer Fan von schamanisch dargestellter Arbeit, es ist meistens viel Ego dabei, wenn deutschsprachige Menschen sich mit diesem Begriff assoziieren. Es geht viel um Schein und weniger um Sein. Aber ich sah das Foto dieses mexikanischen Mannes und wusste, dass wir dort richtig wären. Also buchten wir jeder eine Sitzung. Hier ein Auszug dessen, was er am 27.10.2020 zu mir sagte, ohne mich jemals vorher gesehen zu haben und auch ohne, dass ich schon einen Ton von mir gegeben hätte:

„Dein physischer Körper ist der einer Deutschen. Aber deine Energie gehört hier nicht her. Es ist, als hättest du dich in der Familie geirrt, im Land, in der Zeit und im Raum. Du bist eine Ausländerin in deinem eigenen Land. Teil deiner Suche ist es, den Ort zu finden, wo deine Seele hingehört. Dein Körper gehört zu dieser Welt, aber deine Seele gehört nicht zu dieser Welt. Deine Seele gehört zum Siebengestirn (Plejaden, Nymphen, weibliche Priesterinnen), ins Zeitalter der Lemurianer. Deine Seele ist alt. Atlantis – das Abendland - die zweite Menschheit. So etwas versteht sich als alte Seele.

Aber du hast einige Zeit nicht im Menschenzeitalter reinkarniert. Du warst in einem vorherigen Leben komplett wild und männlich. Irgendeine Art von Seefahrer, 17. Jahrhundert, der in Amerika, Cuba und den Antillen, in dieser ganzen Zone, angelegt hatte.

Deine Energie ist die Energie einer weiblichen Quelle. Du gibst sehr viel mehr, als du empfängst. Du gibst und gibst und gibst. Sie haben dir beigebracht, für die anderen da zu sein, auf die anderen aufzupassen, den anderen zu geben, dich für die anderen aufzuopfern, um menschlich zu sein. Sie haben dir nicht beigebracht, mit Eleganz zu bitten, liebevoll zu bitten. Nach Hilfe zu fragen. Du weißt, wie man hilft, aber nicht, wie man um Hilfe bittet. Du bittest um Hilfe für andere, aber nicht für dich selbst. Deshalb ist es wichtig, dass du lernst, mit Eleganz zu bitten. Deine Art zu bitten, ist abzuwarten, aber das funktioniert nicht. Oder zu leiden, aber auch das funktioniert nicht. Gerechtigkeit walten zu lassen oder wütend zu werden, funktioniert manchmal. Du musst lernen, zu bitten.

Ein helles Grün bedeutet, dass du Ruhe möchtest, keine Probleme möchtest, keine Komplikationen.

Du bereitest dich vor auf die nächste existenzielle Etappe. Vor deinem Zustand in der menschlichen Reinkarnation warst du im Zeitalter der Equiden. Gott, der heilige Geist, fragte dich, Catherin: Bist du sicher, dass du ein Mensch sein willst? Und du hast gesagt: Ja, es scheint so einfach zu sein. Gott sagte: Du wirst es bereuen. Und du sagtest: Ja, ich weiß. Deshalb bist du im Menschenzeitalter gelandet und steckst fest.

In einem anderen Vorleben warst du im Meer, ganz klar. Da waren keine Pferde. In der Karibik. Oder wenige Pferde. Eins oder zwei.

(Ich sage, dass ich Pferdeflüsterin bin.)

Manchmal verstehst du die Pferdesprache besser als die Sprache der Menschen. Für dich ist die Menschenwelt ungerecht. Im schamanischen Glauben gibt es keine Gerechtigkeit. Es gibt das Gesetz des Waldes, das Gesetz des Stärkeren. Das Gesetz des deutschen Staates hat keine Gerechtigkeit, deshalb bist du enttäuscht. Du fragst: Wieso kann ich aus der menschlichen Reinkarnation nicht ausbrechen? Du bist in der Beschwerde gefangen. Die Beschwerde, die Enttäuschung, das Fehlen von Gerechtigkeit, das sind deine großen Feinde. Die Welt ist nicht so, wie du willst. Aber wie willst du die Welt?

(Ich sage, dass wir nach Costa Rica auswandern wollen.)

Geh nach Costa Rica. Mach eine Pause. Mach dein Projekt. Du hast keine Eile. Überhaupt keine Eile.

Bald wirst du eine Gelegenheit haben. Teil deines Schicksals ist es, ein Buch zu schreiben oder einen Film zu machen. Über das, was du mit den Pferden machst. Das, was du mit den Pferden machst, ist etwas, was du nutzen musst. Darin bist du besonders genial.

(Ich sage, dass ich schon ein Buch geschrieben habe, aber es noch nicht veröffentlicht ist.)

Und einen Film. Eine Dokumentation. Nutze das wirtschaftlich. Ich glaube, deine Bestimmung ist es, viele Monate in Lateinamerika zu sein, wenige Monate hier zu arbeiten. Du bist es schon mehr oder weniger am Planen, aber es ist noch am Anfang."

Agustín traf den Nagel auf den Kopf. Endlich wusste ich, wieso es mich schon damals nach Lateinamerika zog und ich seitdem sicher war, nicht wirklich deutsch zu sein. Wieso ich Costa Rica einfach als passend für mich empfinde und ich mich hier mit meinen Pferden am Strand sehr viel wohler und viel mehr wie ich selbst fühle. Wie wichtig mein erstes Buch für meine Arbeit werden würde, und dass wir später auch in einer ZDF-Dokumentation für Millionen Deutsche zu sehen waren, das hatte er alles bereits erkannt und es traf dann so ein.

Dass wir als denkende Wesen unsere Zukunft und Realität tatsächlich selbst schaffen, indem wir in die Richtung denken, die wir als erstrebenswert betrachten, das wurde mir recht bald klar, nachdem ich meine Arbeit als Tierkommunikatorin begonnen hatte. Tieren den gewünschten und bestmöglichen Soll-Zustand im Sinne aller zu erklären, brachte oft mit sich, dass danach dieser Soll-Zustand dann zum Ist-Zustand wurde, weil alle Beteiligten gut informiert am selben Strang ziehen konnten. Doch über diesen primär sichtbaren und einfach nachvollziehbaren Effekt des Kommunizierens von bestmöglichen Situationen hinaus stellte ich bald fest, dass es auch unerklärbare, weiter hergeholte Vorkommnisse gab, die ich erst einmal nicht nachvollziehen konnte. Damit ist gemeint, dass beispielsweise ein Pferd schon wusste, dass ein neuer Hufpfleger kommen wird, der besser arbeitet, viel ruhiger mit ihm umgehen wird und auch für seinen Menschen sympathischer und sogar preisgünstiger sein wird. Das Pferd wusste dies und kannte diese Person dann schon, ohne sie jemals zuvor gesehen zu haben. Und übrigens auch, ohne dass sein Mensch gewusst hätte, wer der zukünftige Hufpfleger sein könnte. Nur um diesen Hufpfleger dann Wochen später zufällig kennenzulernen und festzustellen, dass er genau das alles mitbringt, was das Pferd bereits beschrieben hatte.

Ob das Pferd diesen Hufpfleger nun von einem anderen Pferd im Stall kannte, welches ihm von diesem Mann berichtet hatte, oder ob es einen Menschen kannte, der diesen Hufpfleger für sein Pferd früher schon einmal beauftragt hatte, das wird mir in solchen Gesprächsmomenten nicht immer klar, weil die Pferde nicht immer wissen, woher sie solche Vorabinformationen haben. Aber wenn man versteht, dass Gedankenübertragung funktioniert, dann darf man schlussfolgern, dass die gedanklichen Vernetzungen weit reichen. Für mich bedeutet das, dass man sich die Verbreitung von Gedanken vorstellen kann wie ein Netzwerk, ähnlich dem von Nervenzellen im Gehirn. Ein Gedanke wird von seinem Ursprung (beispielsweise der Pferdebesitzerin) losgeschickt und gibt eine gewisse Richtung vor, im Sinne von „neuer, einfühlsamer Hufpfleger gesucht", und wird angezogen von einem anderen Gedankenzentrum, welches damit etwas anfangen kann. Also vielleicht von einem anderen Menschen im selben Stall, der in seinem Bewusstsein einige Informationen bezüglich guter Hufpflege gespeichert hat. Von dort wandert der Gedanke, angereichert mit diesen Informationen und unbemerkt, zu einem weiteren Zentrum, vielleicht einem Menschen, der den Hufpfleger kennt, der auch eine Richtung weiter vorgibt, immer im Abgleich mit dem Ursprungsgedanken. Und so bahnt sich dieser Ursprungsgedanke „neuer, einfühlsamer Hufpfleger gesucht" seinen Weg auf den für ihn passendsten Netzwerkbahnen über viele Ecken und viele Gedankenzentren bis hin zu einem passenden Gedankenzentrum, also einem Menschen, welcher dann diesen Gedanken unbewusst aufnimmt, dann umsetzt und vielleicht denkt: „Ich könnte mal zum Stall Soundso fahren und dort nachfragen, ob jemand einen neuen Hufpfleger braucht." Und dann kommt dieser Gedanke sogar unbewusst bei dem ursprünglichen Sender an und dann passiert es, ganz „zufällig", dass beide gleichzeitig ihr Auto auf dem Parkplatz des Stalles parken und beim Aussteigen feststellen, dass sie quasi aufeinander gewartet haben.

Als Kundin der Tierkommunikation ist man dann verblüfft, dass das eigene Pferd quasi eine Prophezeiung gemacht hat, aber eigentlich hat es sich nur der telepathischen Vernetzung zwischen uns allen bedient und darüber eine für es selbst wichtige Information erhalten, die es gern mit seinem Menschen teilen wollte. Nicht zuletzt, damit er es bemerkt, wenn die gute Gelegenheit sich dann manifestiert.

Ich glaube also, dass es nicht unbedingt sehr mystisch dabei zugehen muss, wenn solche Wunder wie Hellsehen oder ähnliche Phänomene passieren. Sondern dass wir als Lebewesen – Menschen, Pferde und andere Tiere und auch andere Lebewesen – mit unseren Gedanken das gesamte Energiefeld der Lebensschöpfung selbst aufrechterhalten. Wie ein riesiges, externes Nervensystem aller. Wir alle speisen dieses Feld oder dieses System mit unseren Gedanken, Gefühlen und auch Taten. Je liebevoller und bewusster wir also denken und handeln, umso liebevoller und hilfreicher gestaltet sich die Realität um uns herum, weil wir mit den richtigen Empfängern für ähnliche Schwingungen automatisch in Verbindung treten.

Ich unterteile unser Bewusstsein nicht in nachvollziehbare, klassisch medizinisch erklärbare, neurophysische Begebenheiten und in Übersinnliches, was sich derzeit für die meisten Menschen nur mit Mystik oder Religion oder Esoterik erklären lässt. Sondern für mich ergibt die Schaffung der sogenannten Realität in Anbetracht dessen, dass Telepathie sehr real und immer passierend ist, einen nachvollziehbaren Sinn in direktem Bezug zu dem, was wir denken.

Kurz gesagt: Was wir denken, wird Realität.

Damit ist Hellsehen also die Fähigkeit, dem Ursprungsgedanken auf seinem Weg durch das Netzwerk der Gedankenverbindungen zu folgen und sein Ziel zu erkennen, ohne im Detail nachvollziehen zu können, wieso dieser Weg Sinn ergab und worauf sich begründet, dass ein Gedankenzentrum diese Realität für sich schafft. So kann also ein Medium, wenn es sich telepathisch mit mir als Menschen verbindet, vielleicht ein Vorkommnis meiner Zukunft sehen, weil der Gedankenweg dorthin aufgrund der derzeitigen, gedanklichen Ausrichtung schon längst passiert und damit nachverfolgbar ist, auch wenn das tatsächliche Vorkommnis noch absurd erscheint und noch längst nicht passiert ist.

Anstatt mir aber sagen zu lassen, was mein gedankliches Energiefeld für meine Zukunft so anzieht, bemühe ich mich lieber selbst um die Gestaltung meines Lebens. Sicherlich kann es hilfreich sein, von so einem Menschen zu hören zu bekommen, dass man auf die erwähnte Wand zurast, damit man seine Richtung noch ändern kann, solange sie sich noch ändern lässt. Jedoch kommt mit Vorhersagen auch ein gewisses Risiko der Beeinflussung dazu. Wenn mir jemand sagt, dass es so sein wird, komme ich nicht umhin, diesen Gedanken verstärkt zu denken und vielleicht sogar zu glauben, mindestens aber vermehrt in Betracht zu ziehen. Eine sich selbst erfüllende Prophezeiung. Es wird dann schwerer, diese Gedankenrichtung wieder abzuändern.

MANIFESTATION

In einer Zeit der Berufsfindung hatte ich mal auf einem Zettel in schlimmster Handschrift in drei Sätzen notiert, was ich mir als Beruf wünschen würde: „Ich möchte einen neuen Job, in dem ich mit Tieren arbeite und Menschen zeige, wie man mit ihnen umgeht, sodass es Mensch & Tier besser dabei geht. Ich wünsche mir, dass mich die Bezahlung dazu befähigt, zufrieden und angstfrei zu leben. Liebes Universum, erfülle mir bitte diesen Wunsch."

Leider habe ich kein Datum dazugeschrieben, denn als ich diesen Zettel viel, viel später beim Auspacken meiner Sachen nach einem Einzug fand, konnte ich mich wirklich nicht daran erinnern, ihn überhaupt geschrieben zu haben. 2011 war das Jahr, in dem ich ihn fand, damals war ich seit zwei Jahren selbstständige Tierkommunikatorin, und dass ich das Wort „Universum" überhaupt in den Mund genommen hätte, war bis 2009 noch unwahrscheinlich. Ich war baff, als ich ihn las. Wie sehr mein Wunsch zu dem passte, was in genau diesem Moment des Lesens gerade eingetroffen war. Meine Selbstständigkeit hatte schon nach zwei Jahren einen absoluten Höhepunkt erreicht, damals erschienen gerade die ersten Fernsehbeiträge über meine Arbeit und ich konnte mich vor Anfragen kaum retten.

Ich war gerade in unseren eigenen Hof eingezogen, den ich zusammen mit meinem damaligen Partner gekauft hatte. Dem Mann, der zwei Wochen nicht mit mir reden konnte, nachdem ich ihm mitgeteilt hatte, dass ich mich selbstständig machen würde mit Tierkommunikation. Er glaubte nicht daran, dass ich das so einfach könnte. Woher mein Startkapital kommen sollte. Dass ein alter Laptop und ein Telefon wohl kaum reichen würden, um eine Selbstständigkeit zu starten. Heute und schon damals bei meinem Auszug nach der Trennung verdiente ich gutes Geld mit meiner Selbstständigkeit als Tierkommunikatorin und ich bin mir selbst mehr als dankbar, dass ich mich von ihm finanziell nie tragen ließ. Ich achtete immer sehr darauf, dass alle Ausgaben geteilt waren und dass ich mir nichts schenken ließ. Übrigens hat auch diese gedankliche Ausrichtung in ihrer Manifestation hervorragend funktioniert, denn selbst zu meinen Geburtstagen bekam ich Dinge wie Gutscheine, die nie eingelöst wurden, oder einen gebrauchten, dreckigen Sitzsack in seiner Lieblingsfarbe.

Einmal traf ich seine neue Partnerin, und sie sagte zu mir etwas im Sinne von „Danke, dass du diesen Ort geschaffen hast“. Ich fand es sehr befremdlich, dass sie so etwas zu mir sagte, Jahre nach der Trennung und meinem Auszug dort. Doch sie hatte recht.

Mein erstes Pferd, meine Stute Mouna, ist ein absolutes Wunschpferd. Ich wusste schon kurz nach meinem Start als Tierkommunikatorin, dass man sich etwas wünschen darf und dass es sinnvoll ist, dabei präzise zu sein, um der Realität zu helfen, daraufhinzuarbeiten. Also wünschte ich mir ein kleines Pferd in meiner absoluten Lieblingsfarbe: einen gelben Falben. Als Kind hatte ich ein Lieblingspony, welches genau diese Färbung hatte. Es diente als Vorlage für mein Wunschpferd, das bloß etwas größer sein sollte. Ich liebe Ponys, nur leider bin ich selbst 1,81 Meter groß. Ein kräftiges Kleinpferd sollte es also schon sein, falls wir reiten würden. Ich ließ in meinem Wunsch aber offen, ob es reitbar wäre. Ich nahm sogar mit hinein, dass es

Probleme oder Thematiken mitbringen dürfte, an denen wir dann gemeinsam arbeiten würden. Es sollte ein süßes Ponygesicht haben und sehr lieb sein.

Danach begab ich mich auf die Suche. Ich klickte mich durch diverse Pferdeanzeigenportale und da war sie dann. Mouna. Schaute lieb, aber traurig in die Kamera. Unterernährt, sehr introvertiert, sich in Zeitlupe bewegend, vierjährig. Aber genauso, wie ich sie mir vorgestellt hatte. Sie stand nur zwei, drei Stunden Fahrtweg von mir entfernt. In Rostock, nahe der Ostseeküste. Ich fuhr sie besuchen und es war Liebe auf den ersten Blick. Sie zog wenig später bei mir ein. Heute, 15 Jahre später, kann ich sagen, dass sie mein absolutes Seelenpferd ist, meine beste Freundin. Das Wesen mit der größten Seelenschnittmenge mit mir. Ich bin sehr froh, sie zu haben, und habe in meinen beiden vorherigen Büchern davon berichtet, was sie mir alles beigebracht hat und wer sie ist. Ohne sie würde es meine Arbeit als Tierkommunikatorin für Pferde nicht geben. Wir haben eine sehr intime Verbindung, deren Details ich nicht so häufig öffentlich teile, wie die meiner anderen beiden Pferde, weil sie sehr privat sind. Für dieses Kapitel der Manifestation möchte ich aber unbedingt erwähnen, dass ein Wunsch tatsächlich so eintrifft, wie man ihn sich wünscht. Und dass ich mir nie wieder ein Pferd mit „Problemen und Thematiken, an denen wir gemeinsam arbeiten", wünschen würde. Und auch nie wieder ein Pferd, welches nicht reitbar sein muss, wenn Reiten eine meiner größten Freuden im Leben ist und ich hoffe, dass dieses Pferd sie mit mir teilt. Wer uns etwas kennt, der weiß, dass Mouna nie so recht im Reiten angekommen ist und dass ich sie seit vielen Jahren deshalb damit in Ruhe lasse. Auch, dass Mouna ein Pferd ist, welches immer körperliche Schwierigkeiten mit sich brachte. Sie ist Ekzemerin, hat immer schon sehr anfällige Hufe, Stoffwechselthematiken, ist Allergikerin auf vieles, reagiert äußerst sensibel auf alle Umwelteinflüsse und ihre körperliche Lebensenergie war noch nie sonderlich hochschwingend. Als ich sie kaufte, war sie schon in schlechtem Zustand. Sie ist ein ruhiges, wirklich liebes, sehr sensibles Tier. Ihr Körper ist nie über längere Zeit einfach schön und gesund, sondern wechselt immer zwischen absoluter Schönheit und deutlich erkennbarem Leid. All das, was sie mitgebracht hat, bringt mich regelmäßig an den Rand der Verzweiflung, und sie ist mir damit die Lehrerin für die Bearbeitung meiner tiefsten Traumata und daraus resultierenden Verhaltensweisen. So schön und intensiv das ist, so anstrengend und traurig ist es auch oft. Nicht mal ansatzweise war mir bei der Wunschformulierung meines Seelenpferdes klar, was ich damit erschaffen würde.

Aber ich habe daraus gelernt, und als Mouna einen Mann wollte, nahm ich in den Wunsch mit hinein, dass er Lust auf Reiten haben sollte, wenigstens auf Ausreiten. Das hat hervorragend funktioniert, mit Milan konnte ich meine absolute Reitfreude wunderbar ausleben. Er war der Typ Pferd, der gern rennt. Und ich bin der Typ Mensch, der kein schöneres Gefühl kennt, als auf einem Pferd zu sitzen, welches mich im gestreckten Galopp durch den Wind trägt.

Auch Makani, Mounas Sohn, ist die absolute Wunscherfüllung. Ich habe davon bereits in meinem ersten Buch „Wahre Freundschaft mit Pferden“ berichtet. Er ist ein Lebewesen, welches ich mir genauso vorher ausgemalt hatte. Ein frohes, männliches, menschenfreundliches Pferd mit Schalk im Nacken, welches vor Lebensfreude sprüht und Lust hat, mit mir Abenteuer zu erleben. Äußerlich wie innerlich ist er genau das Pferd geworden, welches ich mir gewünscht hatte. Wobei noch etwas fehlt. Sein Stockmaß entspricht noch nicht dem, was ich visualisiert hatte. Auch hatte er mir eigentlich versichert, dass er etwas größer als Milan werden würde. Bis heute ist er noch kleiner. Er hat aber den absoluten Wunsch, zu reiten. Er kann es kaum abwarten und wir üben bereits das Aufsitzen, aber so richtig losgehen wird es erst, wenn er fünf Jahre alt ist, also in einem halben Jahr.

Vielleicht wächst er noch etwas. Seiner Rasse geschuldet ist er sowieso ein Spätentwickler, er ist ein Konik-Mix.

Sogar unsere beiden Hunde, Happy und Cookie, entsprechen genau dem, was gewünscht war. Cookie ist ein amerikanischer Zwergdackel mit einer besonderen Färbung, ein sogenannter Tigerdackel mit ziemlich langem Fell. Ich hatte so einen Hund viele Jahre zuvor mal gesehen und mich direkt verliebt. Es ging mir nicht mehr aus dem Kopf, eines Tages so eine Dackelhündin zu haben, obwohl ich gar kein Fan bin von spezieller Tierzucht. Doch der Wunsch blieb groß und so suchte ich mir den liebevollsten, hundefreundlichsten Züchter heraus. Noch bevor Cookie geboren wurde, zeigte sie mir in einem Gespräch ihre Zeichnung und teilte mir mit, dass sie im nächsten Wurf dabei wäre. Erst dachte ich, dass sie eigentlich zu viel helles Fell hatte und damit nicht genau zu meiner Vision passte. Dennoch hörte ich auf sie, und als dann zwei Hündinnen im Wurf dabei waren, reservierte ich sofort diejenige mit mehr hellem Fell. Sie war natürlich die „Richtige“, denn ihre Schwester hat sehr kurzes Haar, was kurz nach der Geburt aber noch nicht zu unterscheiden war. Auch im Wesen entspricht sie genau dem, was sie angekündigt hatte: Sie würde sehr lieb und anhänglich sein, sehr gern mit mir kuscheln und eine mädchenhafte Aura haben. Dennoch wäre sie aber mutig und auch wild, würde sich nicht nehmen lassen, ein echter Hund zu sein. Und sie hätte etwas Mütterliches und wäre eine verbindendes Rudelmitglied. Genauso ist sie geworden. Alles an ihr entspricht haargenau meinem Wunsch. Sogar ihre Farbverteilung, die sich mit dem lang gewachsenen Fell doch wieder als genau so herausstellte, wie von mir vorgestellt.

Happy zog noch vor Cookie bei uns ein. Nachdem mein alter Hund Merlin gestorben und zwei Jahre verstrichen waren, wurde es Zeit für einen Welpen. Mein damaliger Partner hatte bei einem unserer Costa Rica Urlaube am Strand mit einem großen Hund gespielt und ich hatte davon wunderschöne Fotos gemacht. Auf einem Foto sieht es aus, als wären die beiden tief verbunden. Der Mann schaut von oben zu dem Hund, dessen Gesicht er berührt. Der Hund schaut ihn an. Beide stehen am Strand, das Licht kommt von hinten. Die Silhouette des Rüden zeigt seine Form: Groß, mit ausgeprägtem Kopf, kurzhaarig. Er war ein Pitbull-Mix oder etwas Ähnliches. Später hing das Foto in unserem Schlafzimmer und mein Partner sagte, dass er gern einen Hund hätte, der diesem ähnlich wäre. Da es aber unser gemeinsamer Hund werden sollte und er wirklich keinen Dackel wollte, machten wir einen Kompromiss. Wir verabredeten, einen großen Hund zu adoptieren, der für uns beide passen würde. Falls ich danach aber immer noch diesen sehnlichen Wunsch nach einem Dackel hätte, würden wir auch das Dackelmädchen zu uns holen.

Bald schon fand ich eine Anzeige eines Wurfes aus dem Tierschutz. Die Welpen wurden als Texas Heeler Mischlinge angeboten. Heeler sind Schäferhunde, ähnlich dem Australian Shepard oder dem Border Collie. Solche Hunde mag ich gern und die Welpen hatten schöne Farben, anscheinend wurden sie kurzhaarig. Der Vater sah groß aus. Wir fuhren hin und lernten sie kennen. Schnell waren zwei Welpen in der engeren Auswahl, am Ende entschieden wir uns für denjenigen, den mein Partner passender fand. Erst beim wiederholten Besuch dort ließen wir uns die Mutter zeigen und es wurde klar, dass sie ein reinrassiger Pitbull ist. Wir blieben bei unserer Wahl, und als Happy heranwuchs, war es verblüffend anzusehen, dass wir ganz genau unseren Hund manifestiert hatten. Happy ist ein großer, starker, langbeiniger Hund. Sehr muskulös, mit deutlichem Pitbull-Schlag, und wenn wir das Foto nachstellen würden, welches wir damals am Strand schossen, würde es nicht auffallen, dass nicht derselbe Hund darauf zu sehen ist.

Happy war damit klar meinem Partner zugeteilt. Auch Happy selbst hatte ihn als seinen wichtigsten Menschen ausgewählt. Selbstverständlich liebe ich Happy sehr und er ist genauso auch mein Hund.

Jedoch blieb mein Wunsch nach dem Dackelmädchen bestehen und das bedeutete, dass ein Jahr später auch mein Wunschhund Cookie bei uns einzog.

Diese gute Fähigkeit der Wunschformulierung, der Visualisierung und der Manifestation hatte sich noch einige Male in meinem Leben wiederholt. Punktgenau bekam ich zum Beispiel ein großes, frei stehendes Haus zur Miete präsentiert, welches die Eigenschaften haben sollte, einen großen, schönen Kursraum mit Blick in die Natur zu haben und dazu ein Gäste-WC und den Zugang zur Küche so gelegen, dass meine Kursteilnehmer nicht durch meinen privaten Bereich laufen mussten, wenn ich zu Hause Kurse gab. Ich gab in meinem Wunsch sogar an, dass das Haus auf einer bestimmten Linie der Landkarte zu liegen hatte, um nicht zu weit von meinen Pferden und auch nicht zu weit vom Stadtzentrum weg zu sein. Nur eine Woche später zeigte sich dieses Haus, obwohl mir Bekannte gesagt hatten, dass es unmöglich sei, als Selbstständige solch ein Mietshaus in Hamburg zu finden und als Mieterin überhaupt nur in Betracht gezogen zu werden. Aber es klappte. Ich lebte dort nur ein Jahr lang, denn ich hatte den Fehler begangen, mein Mietpreislimit an der Schmerzgrenze zu formulieren und nicht den Preis, den ich bequem hätte bezahlen können. „Nicht teurer als € 1.400,–" hatte ich formuliert. Das Universum lieferte ab, es kostete genau diesen Preis und nach einem Jahr war mir die Anstrengung für die Mietzahlung zu groß.

Also wünschte ich mir ein deutlich kleineres Haus „weit unter € 1.000,– Miete". Es sollte auch noch zehn Minuten weiter in Stadtrichtung liegen und damit zufällig in Hamburgs teuerstem Viertel Blankenese. Ich wollte es wieder frei stehend haben und bitte ruhig und mit schöner Natur, dazu genau so groß, dass ich gerade so mit 10 Schülern darin sitzen könnte. Wieder dauerte es eine Woche, bis ich das Haus fand. Es kostete weniger als € 800,– und lag in Blankenese in zweiter Reihe mit verstecktem Zugang. Solch ein Haus überhaupt zu finden, war auch damals schon utopisch. Als ich bei der Besichtigung am Gartentor stand, sagte ich dem Vermieter bereits, dass ich es nehmen würde, noch bevor ich es betreten hatte. Es war ein uriges, nur 50 qm großes Hexenhäuschen. Es hatte viele bodentiefe Fenster, ein winziges Bad, eine kleine Küche und ein verstecktes, minimales Schlafzimmer. Der Kursraum, welcher auch mein Wohnzimmer war, gab genau den Platz her, um dort mit meinen Schülern zu sitzen. Durch die vielen Fenster und den rundherum angelegten Garten bekam man kein eingeengtes Gefühl, obwohl es wirklich keinen Quadratzentimeter weniger hätte haben dürfen. Ich bekam das Haus, obwohl sich der Vermieter vor Anfragen kaum retten konnte und mein Hund Merlin ihn noch anbellte. Ich habe dieses Haus sehr geliebt und viele schöne Kurse darin gegeben.

Nicht zuletzt ist auch dieses Buch das Produkt meiner Wunscharbeit. Dass ich ein Buch schreiben wollte, war schon sehr viele Jahre lang klar. Viele Schüler hatten mich immer wieder darum gebeten. Als ich mich dann traute, formulierte ich vorab klar, dass ich möchte, dass mein Buch ein Bestseller wird, sehr viele Leute es lesen würden, und dass es dazu beiträgt, einen echten Wandel für unsere Wahrnehmung von Pferden und allen Tieren mitzubringen. Nicht bloß im kleinen Stil oder im Selbstverlag. Ich wollte einen namhaften Verlag dafür. Auch der Wunsch nach mehreren Büchern war präsent, denn ich schreibe gerne. Dieses ist mein drittes Buch bei Kosmos, dem wichtigsten Verlag für Pferdebücher. Dass „SPIEGEL Bestseller-Autorin“ auf dem Cover stehen darf, macht mich froh.

Meine Stute Mouna scheint ähnlich versiert im Wünschen und der folgenden Wunscherfüllung zu sein. Sie war jahrelang das Pferd, welches meine Schülerinnen als allererstes Pferd sprachen, wenn sie Tierkommunikation bei mir lernten. Sie sprach nie vom Reiten, aber fast immer davon, frei zu sein, am Strand frei laufen zu wollen, ein Fohlen zu bekommen und mit mir zusammenleben zu wollen. Dank unserer Seelenschnittmenge waren Mounas Herzenswünsche auch welche, die mich sehr erfüllen. Obwohl ich anfangs keinesfalls mehr als zwei Pferde haben wollte, willigte ich irgendwann ein, dass sie ein Fohlen bekommen sollte, bevor sie zu alt war. Und durfte somit mir selbst den Herzenswunsch erfüllen, ein Fohlen aufzuziehen. Obwohl ich mir jahrelang nicht erlaubte, in die Richtung einer Auswanderung mit Pferden in das tropische Costa Rica zu denken, sind wir in den letzten zwei Jahren fast täglich hier am Strand zusammen frei gelaufen. Und obwohl ein Zusammenleben auf einem eigenen Hof anfangs utopisch für uns schien, wurde es bald wahr. Bereits in unserem ersten gemeinsamen Jahr wurde ihr deutlicher Wunsch nach einem Zuhause mit mir der Initiator dafür, dass auch ich mich an meinen Mädchentraum erinnerte: einen eigenen Bauernhof mit meinen Pferden. Mein Spielzeug bestand aus circa zwölf Barbie-Pferden und einer Barbie-Puppe, die nur zum Reiten bespielt wurde. Ich hatte Zaunelemente von Lego und auch kleine Lego-Pferde. Alles, was ich aufbaute, waren Pferdehöfe. Als ich später mal in der Abiturzeitung meiner Schule blätterte, las ich in der Rubrik „Wo du dich in 10 Jahren siehst" nach, was ich mir vorgestellt hatte. Es kam darin vor, ein eigenes Pferd und auch einen Hund von klein auf großzuziehen und mit ihnen direkt am Strand zu leben. Das hatte ich zwischenzeitlich komplett vergessen. Es hat zwar etwas länger gedauert, aber ich bin verblüfft, wie gut meine Wünsche sich manifestiert haben.

Aber zurück zu Mounas Wunsch, der auch meiner war: zusammenzuleben auf unserem Hof mit meinen Pferden. Kurz nach dem Kauf von Mouna zog ich mit meinem damaligen Partner zusammen in eine kleine Mietwohnung und Mouna zog in einen kleinen Offenstall nur ein paar hundert Meter weiter. Schon dort begann sie, den Wunsch zu äußern, mit mir eng zusammenzuleben. Auch ich hatte den Wunsch, ihr noch näher zu sein und ihre Umstände immer so zu gestalten, wie sie und ich es für richtig hielten. Ich fragte meinen Freund, ob er sich vorstellen könnte, mal einen Hof mit mir zu haben. Er verneinte. Auf keinen Fall wollte er so etwas. Auch hätten wir gar kein Geld dafür. Ich legte den Gedanken wieder weg und konzentrierte mich auf meine Arbeit. Dann fuhren wir in den Urlaub ans Meer und als ich am Strand saß, begann ich, im feuchten Sand zu bauen. Ich dachte nicht darüber nach, was ich da baute. War in andere Gedanken versunken, bis ich bemerkte, dass ich dort meinen Hof baute. Es gab ein niedriges, großes Bauernhaus, eine große Weide, ein paar Bäume, zwei Pferde und im Hintergrund bergige Landschaft. Meine Sandkreation sah richtig gut aus, also machte ich ein gutes Foto davon, im Hintergrund ist das Meer zu sehen. Ein paar der Urlaubsfotos entwickelte ich, auch dieses. Es hing neben meinem Schreibtisch. Monate später bekam ich von meinem Partner zu hören, dass er nun bereit sei, einen Resthof mit mir zu kaufen. Ich war sehr überrascht und hatte tatsächlich nicht mehr daran gedacht, dass dies überhaupt eine Option sei. Das Geld war dann auch irgendwie da. Ich schaute zum Foto an der Wand und mir dämmerte es, dass mein Sandbau und das Foto davon an meiner Wand sicherlich geholfen hatten, das Projekt „Hof" weiter in die Realität zu ziehen. Ohne, dass ich es mir aktiv gewünscht oder herbeigesehnt hatte. Und so begab ich mich auf die Suche, während er mit Arbeit beschäftigt war.

Bevor ich schaute, was auf dem Markt war, schrieb ich auf, was in Frage käme und wie die Parameter sein müssten. Dabei fragte ich auch Mouna, die nur darauf bestand, dass wir zusammen wären und sie weit blicken könne. Ich formulierte einen Wunsch, mittlerweile wohlwissend, dass dies für die Verwirklichung unabdingbar ist:

1. Nicht mehr als eine Stunde von der Stadt entfernt.
2. Mindestens 2 Hektar Wiese.
3. Preis maximal in Höhe unseres Budgets.
4. Alleinlage.
5. Weiter Blick.

Unser Budget war nicht sonderlich hoch und ich erlaubte mir nicht, den Wunsch hinzuzufügen, dass ich wirklich nicht auf einer Baustelle leben oder in ein verkommenes Haus ziehen möchte. Ich dachte, dass wir für dieses Geld niemals einen fertigen Hof bekommen würden. Also stellte ich mir einen zu renovierenden Resthof vor und der wurde es auch. Der erste, den wir uns ansahen, kam meinen Eckdaten recht nahe. Er lag am Ende einer Straße in einem Dorf, hatte einen Wald mit Wiesen hinter dem Haus und ein katastrophales Bauernhaus, in dem sehr viel Arbeit wartete. An einer Stelle hätte Mouna weit blicken können. Ich dachte, etwas Besseres würden wir für unser Geld nicht finden. Also begannen wir, den Kauf einzuleiten. Ein Kriterium für das zuständige Amt für unser Vorhaben der Pferdehaltung war, dass wir von den fünf naheliegendsten Nachbarn eine Zustimmung über die Pferdehaltung unterzeichnet bekämen. Kein Problem, dachten wir, denn diese Immobilie war ein Resthof.

Während dieser Zeit führte ich eine Krafttierreise für eine Kundin durch. Dabei begebe ich mich auf eine Fantasiereise, in der ich das spirituelle Krafttier derjenigen finde, die mich beauftragt hat. Ich befrage dieses Krafttiere in ihrem Sinne und vermittle auch die Bedeutung der geistigen Unterstützung durch dieses Tier. Diese Reisen machen mir viel Spaß und sie werden von meinen Kundinnen als sehr hilfreich und schön empfunden. Bei dieser Krafttierreise war ich gemeinsam mit einem meiner Krafttiere unterwegs, einem Wisent (europäischer Bison), um das passende Tier der Kundin zu treffen. Mein Büffel trug mich gedanklich zu diesem Hof, den wir gerade kaufen wollten. Er ging vom freien Feld her zum Zaun, schaute auf das Grundstück, und während ich auf ihm saß und verwundert war, was wir hier zu tun hatten, sagte er: „Das ist nicht dein Hof." Ich protestierte, weil man auf schamanischen Reisen für andere Menschen wirklich nicht seine eigenen Themen wälzt, sondern alles im Auftrag für den anderen geschieht. Aber mein Büffel blieb stehen und wiederholte: „Das ist nicht dein Hof.“ Ich entgegnete, dass er das sehr wohl sei und wir ihn fast schon gekauft hätten. Er wiederholte es ein drittes Mal: „Das ist nicht dein Hof“, und blieb dort stehen, bis ich es akzeptierte, was er zu sagen hatte. Dann gingen wir weiter und führten unsere Reise für die Kundin fort.

Vier von fünf Nachbarn unterzeichneten sehr gern, dass wir Pferde halten könnten. Der fünfte Nachbar fand, dass damit sicherlich Gestank und Fliegen in seinem Garten Einzug halten würden, also würde er nicht unterzeichnen. Nachdem er die Tür schloss, saß ich einen Moment fassungslos weinend auf seiner Treppe. Und dann verstand ich, was mein Büffel gesagt hatte.

Der zweite Hof, den ich fand, war wider Erwarten etwas besser als der erste. Mehr Platz, aber irgendetwas stimmte noch nicht ganz. Dennoch war ich wieder sicher: Besser geht's nicht. Auch dieser Kauf kam nicht zustande, und dann kam der dritte Hof. Zwei Hektar Wiese, absolute Alleinlage in der gesamten Straße, die Anordnung des Bauernhauses und die Lage des Hofes sahen genauso aus, wie auf meinem Sandburgen-Foto. Die Hügel, die ich hinter den Hof gebaut hatte, waren sogar vorhanden. Der Hof lag direkt am Rande einer beginnend bergigen Region und ich konnte mit Milan in die „Berge“ reiten, ein für Norddeutschland außergewöhnliches Vorkommnis. Er lag genau eine Stunde Fahrzeit von der Stadt entfernt, der weite Blick war ringsherum und er lag genau in unserem Budget. Ich war begeistert, den richtigen Hof gefunden zu haben. Mir fiel noch nicht auf, dass ich meinen „Minimalwunsch“ realisiert hatte. Formulierungen wie „mindestens“ und „nicht mehr als“ gehören nicht in einen Wunsch. Auch fiel mir nicht auf, dass ich nicht ohne Grund den Sandburgen-Hof am Strand gebaut hatte und dass auf dem Foto im Hintergrund sogar das Meer zu sehen ist. Damals schaffte ich es aber nicht besser, konnte mir nicht mehr zugestehen als das. Also wurde dies unser Hof. Es gab viel zu tun, ich lebte zuerst im Winter in einem Wohnwagen ohne

Heizung, dann im dürftig sanierten, ersten Stock des Bauernhauses, erst ohne Küche und Schreibtisch, weil der Herr alles selbst bauen wollte, aber nie Zeit dafür fand. Wir sparten an jeder Ecke, obwohl wir einen Baukredit aufgenommen hatten, und ich fühlte mich, als hätte ich zwei Vollzeitjobs. Meine rasant wachsende Selbstständigkeit als Tierkommunikatorin und das Projektmanagement der Resthofsanierung waren meine Aufgaben.

Nach einem Jahr zog ich wieder aus. Mein erstes Burn-Out nahm ich gleich mit. Ich hatte die Nase voll von Sparmaßnahmen und Baustellen, auch vom ewigen Geiz und der emotionalen Abwesenheit meines Partners. Ich hinterließ eine fertige Wohnetage und eine Traum-Pferdehaltung mit Weide, matschfreiem Sandpaddock, Offenstallscheune und optimierter Heufütterung. Außerdem hatte ich ein Pferd für meinen Ex-Partner gefunden, der Wallach blieb dort. Meine Pferde Mouna und mittlerweile auch Milan und mein Hund Merlin kamen mit, zurück nach Hamburg, in meine alte Heimat. Dort kam ich in der freien Wohnung einer Freundin unter und meine Pferde kamen in einen akzeptablen Offenstall. Als ich unter meinem Schreibtisch lag und schluchzte, wurde mir langsam klar, dass ich meine Wünsche klarer formulieren musste und dass ich wünschen darf, was ich wirklich möchte. Es sollte noch einige Jahre dauern, bis ich mir wirklich erlaubte, groß zu denken und so zu wünschen, wie es mein Herz mir sagt.

Mouna war immer schon Expertin darin, sie selbst zu sein und kompromisslos zu kommunizieren, was sie will oder nicht will. Daran habe ich mir immer ein Beispiel genommen und sie dafür bewundert, denn sie braucht für diese Eigenschaften keinerlei lautes oder dominantes Auftreten. Im Gegenteil: Sie ist ein sehr weiches, zartes, liebliches Pferd. Sie ist sensibel und introvertiert. Mittlerweile ist es für mich überwältigend, zu bemerken, dass Mounas Wünsche, mit mir und Milan und natürlich ihrem Fohlen frei am Strand zu laufen, längst eine Vorhersehung waren oder auch eine sehr klare Wunschformulierung, die immer in ihrer echten Größe bestand. Sie hat sich nicht darauf beschränkt, dass wir das in Deutschland einmalig in unserem gemeinsamen Ostseeurlaub erlebt hatten. Sondern ihr Wunsch war es, an einem warmen Sommerstrand frei zu laufen und das Meer zu genießen. Und zwar jeden Tag. Es hat bis jetzt gedauert, hier in Costa Rica lebend, dass ich verstanden hatte, dass dieses Bild von Mouna hier am Strand, welches sich mir täglich bietet, längst in ihrer Vision war. Dass es genau das hier war, was sie wollte, kannte und vorhersah. Noch bevor mir überhaupt klar war, dass dies auch mein absoluter Wunsch ist. Genau hier, genauso mit meinen Pferden zu leben. Wobei es noch einige Aspekte aus meiner Vision gibt, die in meiner Manifestation an diesem Ort fehlen und die kommen werden. Für Mouna aber ist buchstäblich alles in Erfüllung gegangen, was sie sich in diesem Leben gewünscht hatte. Ich weiß, dass die Klarheit ihrer Absichten bei der Kreation unseres gemeinsamen Lebens eine wichtige Rolle gespielt hat. Ohne Mounas gedankliche Hilfe wäre ich jetzt bestimmt nicht hier.

Der Wunsch aus meiner Abiturzeitung, der Wunsch von meinem Sandhof-Foto am Meer, der Wunsch vom Zuhause mit meinen Pferden in weiter Sicht, alles das vereint sich erst hier und jetzt. Mouna hat mir direkt nach dem Beginn unserer gemeinsamen Zeit davon erzählt, dass sie ans Meer möchte, um dort frei zu laufen. Ich hatte sie gefragt, woher sie es kennt. Sie sagte, dass sie es riechen konnte von dort, wo ich sie abholte. Aber auch, dass sie es in meinen Gedanken gesehen hatte. Ich war damals noch nicht in der Lage, mir zuzugestehen, dass sie meinen Wunsch gelesen hatte. Denn ich habe um die zwanzig Jahre damit verbracht, meinen Wunsch, in Costa Rica am Strand zu leben, zu unterdrücken.

Mit Anfang zwanzig war ich für ein halbes Jahr das erste Mal in Costa Rica. Ich lernte das Wellenreiten und war direkt „stoked", wie man unter Surfern sagt. Also vom Surf-Virus infiziert. Ich surfte jeden Tag, meistens sogar zwei Mal. Solch eine Freude an einer Tätigkeit kannte ich vorher nur vom Reiten. Ich spielte mit dem Gedanken, ein Grundstück an meinem Lieblingsstrand zu kaufen und für immer in Costa Rica zu bleiben. Aber ich hatte kein Geld dafür und hätte mich auch nicht getraut, das allein durchzuziehen. Als ich danach nach Deutschland zurückkehrte, war ich sehr traurig. Mir fehlte die Natur, das Meer, das Surfen. Ich träumte immer wieder davon, wie ich mit meinem Surfbrett zum Strand kam, aber jedes Mal gab es einen anderen Grund, weshalb ich nicht surfen konnte. Mein Brett war kaputt, die Wellen weg, der Weg versperrt. Es waren aufreibende Träume, die sich jahrelang hinzogen. Ich hatte Entzug. Alle Versuche, dieses Gefühl in Europa zu rekonstruieren, schlugen fehl. Dreiwöchige Urlaube in Costa Rica konnten mich nie genug befriedigen. Wenn ich mich gerade neu auf meinem Surfbrett eingefunden hatte, musste ich schon wieder abreisen.

Mit Mitte zwanzig bekam ich meinen ersten Hund Merlin. Ich war mittlerweile Zootierpflegerin und hatte damit eine meiner drei Leidenschaften (Tiere, Musik und Surfen) zum Beruf gemacht. Ich dachte, dass man eben nicht alles im Leben haben könnte. Merlin war kein Hund, der gern nach Costa Rica ausgewandert wäre. Er war nicht der Typ für tropische Hitze, und als Mouna kurz danach zu mir fand, hatte ich endgültig mehr als genug Gründe, solch eine Auswanderung als absolut töricht und egoistisch zu betrachten. Ich verbot es mir, überhaupt daran zu denken, dass es möglich wäre, nach Costa Rica zu gehen. Mit den beiden begann auch meine Selbstständigkeit als Tierkommunikatorin, und so blieben wir alle, wo wir waren.

Mit Mitte dreißig hatte ich eine gute Idee. Aufgrund dessen, was mir Pferde über ihre Haltung erzählten, stellte ich fest, dass es die optimale Pferdehaltung noch nicht gibt. Ein Stallsystem, in dem Pferde mitbestimmen dürfen und ihre individuellen Bedürfnisse und

Belange berücksichtigt werden können, ohne dass der Stallalltag davon eingeschränkt oder die Herde benachteiligt wäre. Diese Idee ließ ich für viel Geld architektonisch umsetzen und dann auch visualisieren. Es war mein Wunsch, diesen Stall als Prototyp zu bauen und ihn dann ein Jahr zu betreuen und in Absprache mit den Pferden zu optimieren, um das System nachher weltweit vertreiben zu können. Ich wohnte in Hamburg, meinem Geburtsort, und dachte, dass ich die Sache irgendwo um Hamburg herum gut realisieren könnte.

Bis dato hatte ich mit meinen Manifestationsprozessen immer schnelle, gute Umsetzungen geschafft. Es kam immer genau das, was ich mir vorgestellt hatte. Auch meine gedankliche Ausrichtung wurde immer besser, dank meiner Arbeit mit den Tieren. Vielleicht auch dank Mouna, meiner Lehrerin in Klarheit. Doch mein innerer Prozess der eigenen Wertschätzung und Selbstliebe hinkte etwas hinterher. Und so kam es, dass ich immer nur Mindestwünsche herausschickte. Im Falle des Stalles dachte ich, es dieses Mal besser gemacht zu haben. Ohne Rücksicht auf nicht vorhandenes Budget hatte ich den Stall in seiner schönsten, besten Form visualisieren lassen. Aber immer, wenn ich mir den Stall vorstellte, wie er im Hamburger Umland stand und ich dort mit den Pferden den Alltag erlebte, gab es ein Störbild: ich in gefühlt neun Monaten Mistwetter in Norddeutschland. Ich, die es absolut hasst, wenn es nicht sonnig und warm draußen ist. Ich, die Frostbeule, die sich seit ihrem 17. Lebensjahr nicht mehr auf der Nordhalbkugel sieht.

Es dauerte dennoch weitere Jahre, bis ich endlich wagte, zu formulieren, was ich mir wirklich wünschte: mich, meine Pferde, meinen Partner, meine Hunde – wir alle zusammen frei am Strand in Costa Rica. Auf vielen Hektar mit Häusern und vor allem meinem Stallprojekt. So unverantwortlich und unsinnig die Kreation eines neuartigen Pferdehaltungssystems ausgerechnet an Costa Ricas Strand als Prototyp für mich klang, so sehr entsprach all das genau meinem absoluten Herzenswunsch. Ich musste mich erst etwas daran gewöhnen, so zu denken und es mir zu erlauben, das sehen zu können. Als ich das geschafft hatte, blieb ich aber dabei. Nach vielen Gesprächen mit meinen Pferden und nachdem mein Hund Merlin sein Leben gelebt hatte, wurde mir außerdem immer klarer, was ich meinen Schülern längst beibrachte: Deine Tiere können immer nur so glücklich sein, wie du es bist.

Kurz darauf wurde unser Leben in Deutschland nahezu unmöglich.

DER RAUM DAZWISCHEN

Der Winter ist dieses Jahr besonders hart. Im Februar kommt es nochmal richtig dicke. Es schneit und die Temperaturen fallen bei uns auf minus 15 Grad. Nach der kältesten Nacht des Winters, am 10.02.21, berichtet mir mein Freund morgens, dass Mouna komisch auf die schneebedeckte Weide gelaufen sei. Ich versuche, mir keine Sorgen zu machen, und gehe sie mittags besuchen. Sie liegt in ihrer dicken Winterdecke flach auf dem Schnee, Milan und Makani wachen über sie. Ich lasse sie aufstehen, sie hat Schmerzen. Ich muss sie überreden, den Weg bis zum Stall mit mir zu gehen, und es sieht schrecklich aus. Ich denke, sie hat sich richtig doof verrenkt, ist vielleicht ausgerutscht. Sie läuft unmöglich kompliziert hinter mir her bis zum Stall, dort lasse ich sie am Heu stehen. Ich frage nach, was los ist. Sie sagt sofort und mit Nachdruck: „Mit den Hufen ist nichts!“, und kommt mir mit dem Gedanken zuvor, es könne Hufrehe sein. Mouna hatte einmal in ihrem Leben einen kurzen Reheschub, das war sechs Jahre zuvor. Ich frage, ob es wieder wird oder ob sie Hilfe braucht. Sie möchte, wie könnte es auch anders sein, keine Hilfe.

Mouna ist ein sehr behandlungsresistentes Pferd. Ihr Sommerekzem widersteht allen erdenklichen Behandlungsversuchen und auch andere Gebrechen macht sie lieber mit sich und höchstens mir aus. Schweren Herzens höre ich auf ihren Wunsch und will wieder ins Haus gehen. Ich schaue noch einmal zu ihr hinüber, da will Milan sie gerade aus dem Weg scheuchen. Sie stolpert fast und die unbeholfenen, fast fallenden Schritte auf den Gehwegplatten sind eindeutig. Ich sage: „Ok, ich rufe den Tierarzt!“, laut in ihre Richtung. Ich will es noch nicht glauben, aber die Tierärztin sieht sie sich im Schnee an und sagt direkt nach ein paar von Mounas Schritten: „Hufrehe!“, und fragt nach, ob etwas ungewöhnlich war. Ob es einen Anlass für Stress gab, sie viel gelaufen sei, das Futter gewechselt hätte. Nichts davon trifft zu. Im Gegenteil, es ist ganz besonders ruhig, nicht aufregend und normal bei uns zu dieser Zeit. Sie ist nicht viel gelaufen, die Pferde fressen normal, sind täglich tagsüber auf der großen Weide, welche kein kurzes Gras unter der Schneedecke trägt. Sie haben immer Heu zur Verfügung, welches sie auch fressen. Auch bei uns Menschen ist alles wie immer, nicht mal auf zwischenmenschlicher Ebene ist irgendetwas stressig oder unnormal.

Ich erinnere mich an damals, Mouna hatte vehement behauptet, sie hätte keine Hufrehe. Das, was wir unter Hufrehe verstünden, wäre nicht das, was sie hatte. Damals war ein Eisen lose gewesen kurz bevor sie die Hufrehe bekam. Ich schob es darauf. Als ich sie dann, wie vom Tierarzt streng geboten, vom Gras fernhielt („mindestens ein Jahr lang“) und sie auf Diät setzte, wurde Mouna richtig wütend auf mich und zeigte mir deutlich, dass sie Gras bräuchte, um zu genesen. Ich habe in meinem ersten Buch davon berichtet. Ich hielt es nur ein paar Monate aus, nicht auf sie zu hören. Als ich sie wieder mindestens halbtags aufs Gras ließ, ganzjährig, ging es ihr besser. Sie blieb gesund, ihre Hufe waren bestens und auch der Rest ihres Körpers immer im besten Zustand. Sie bekam 2019 problemlos ihr Fohlen Makani.

Zwei Jahre später liegt sie im Schnee. Nur Tage nachdem das erste Kursmodul der diesjährigen Pferdeflüsterer Ausbildung stattgefunden hatte.

Die üblichen Medikamente der Tierärztin helfen nicht sichtbar. Sie bekommt einen Medikamentencocktail aus drei verschiedenen Wirkstoffen in Höchstdosis. Die Tierärztin sorgt sich, ob Mounas Verdauung das mitmacht. Aber bis heute hat sie damit überhaupt keine Probleme. Dafür pulsieren ihre Beine, die Hufe sind heiß und scheinen schrecklich zu schmerzen. Mouna sagt dazu nur, dass die Ursache hierfür ganz sicher nichts mit ihrer Ernährung oder irgendwelchen Fruktan-, Zucker- oder Energiegehalten im Futter zu tun hätte. Dass sie nicht wirklich Hufrehe hätte, so wie wir Menschen es definieren. Genau das hatte sie damals bei ihrer ersten „Hufrehe" auch gesagt. Und dass sie weiterhin uneingeschränkten Zugang zu ihrem Futter, ganz besonders frischem Futter, bräuchte. Was aber die Ursache für ihre Hufrehe ist, darüber schweigt Mouna.

Kurz nach der Diagnose bin ich zu Besuch bei meiner Freundin Yvonne, die Heilpraktikerin für Psychotherapie ist und die eine wunderbare Methode anwendet, mit der man, ähnlich wie in Tiergesprächen, gut herausfinden kann, was los ist. Sie nennt sich Seelenlauf und ist irgendwo zwischen Telepathie und Aufstellungsarbeit anzusiedeln. Ich brauche ihre Hilfe, denn meine übermäßige Sorge um Mouna und meine Angst um sie nimmt mir die Fähigkeit, wirklich gut mit ihr zu kommunizieren. Mouna will mit mir nicht über Schmerzen oder Krankheit sprechen, sie ist genervt davon, dass ich ihr Fragen dazu stelle. Dennoch brauche ich Entscheidungshilfe, wie ich weiter vorgehen kann oder eben nicht. Ich schaffe es nicht, alles zu wissen und zu entscheiden, weil ich so traurig und angstvoll bin. Ich ertrage es kaum, Mouna so zu sehen.

Yvonne möchte uns helfen. Gemeinsam „laufen" wir Mouna. Das bedeutet in Kurzform, dass wir sie sind für diesen Moment und versuchen, durch richtige Fragestellung Antworten zu erspüren und zu erfahren. Erst Yvonne, dann ich. Es ist nicht ganz einfach, da wir als Freundinnen nicht so gut die von außen heraufschauende, therapeutische, notwendige Rolle als Coach einnehmen können. Wir sind emotional zu involviert. Trotzdem versuchen wir es. Yvonne fängt an, ich schaue zu, aber sie kommt nicht so weit, sich in die Ursachenenergie von Mounas Hufrehe einfühlen zu können. Mouna sagt immer wieder nur, dass sie sich nicht krank fühlen würde, sich nicht über ihren Körper definiert. Sie zeigt, dass sie ihren Körper gar nicht spüren würde, ihre Seele nur zu Besuch sei in diesem Körper. Mehr will sie nicht preisgeben. Yvonne denkt, es liegt an ihrer Befangenheit. Ich finde es typisch für Mouna, die Behandlungsresistente, an der sich etliche Therapeuten schon die Zähne ausbissen. Es erklärt auch, warum sie mir keine Schmerzen zeigen will: Anscheinend spürt sie diese selbst nicht.

Als ich Mouna laufe, falle ich augenblicklich in mich zusammen. Ich liege auf dem Boden und weine bitterlich und will einfach nur weg sein. Ich zweifle kurz, ob ich es gerade richtig mache. Ob nicht ich es bin, die am Boden ist und weint, anstatt ein Anteil von Mouna, den ich gerade „laufe". Ich denke das, weil mich die Situation so mitnimmt. Aber dann spüre ich den unverkennbaren Moment, in dem ich mich selbst dabei von außen betrachten kann und merke: Das ist nicht wirklich nur meins, da kommt gerade etwas von Mouna ans Tageslicht. Es ist schrecklich. Ich bin Mouna als ganz junges Pferd. Ich erleide Isolation, Dunkelheit, Schmerzen durch Menschenhand. Ich will sterben, weg sein. Sie hatte mir davon erzählt, ich kenne diese Information seit Jahren und sie ist Grund für Mounas jahrelange Traurigkeit. Aber die Emotionen so deutlich zu spüren und den Moment am eigenen Körper so heftig zu erfahren, das ist neu. Ich spüre eins zu eins nach, wie es ihr damals ging. Ich spüre deutlich, dass der Schmerz und das Leid für sie nicht aushaltbar waren und sie, anstatt zu sterben, dieses Trauma einfach von sich abgespalten hat.

Während ich da liege und schluchze wird mir klar, dass sie sich durch dieses Trauma so sehr von ihrem Körper abgespalten hat, dass sie sicher sein konnte, in Zukunft nie wieder so affektiert zu werden von körperlichen Schmerzen. Der so stark traumatisierte Anteil von Mounas Seele hat damals den Körper verlassen und weigert sich, jemals wieder dahin zurückzukehren.

In Bezug auf ihre Krankheit bedeutet das, dass sie nichts davon wissen möchte, krank zu sein. Sie sieht sich als „Lichtpferd" und das ist sie auch. Ein spirituell weit entwickeltes Wesen, welches sehr gut „nach oben" angebunden ist und welches sich nicht viel aus seinem Körper oder aus materiellen Dingen macht.

In meiner Wahrnehmung, die von jahrelanger, telepathischer Arbeit geprägt ist, gibt es Wesen, die sehr gut „nach unten" angebunden sind, also zur Erde. Das sind die geerdeteren Wesen. Man sagt unter weniger spirituell angehauchten Leuten „bodenständig" oder „mit beiden Beinen fest auf dem Boden der Tatsachen stehend" dazu. Tatsächlich sind das in meinen Augen Ausdrücke für Wesen mit guter Erdung, also mit physischer Anziehung zur tatsächlichen Erde unter uns. Das sind die Macher, die Bedachten, die Schaffenden. Oder auch die Naturburschen. Die etwas anfassen und es verwandeln können in Brauchbares, die Materie schätzen. Es sind Wesen, die die Dinge nehmen, wie sie sind. Dann gibt es Wesen, die, genau wie Mouna, eher nach oben, also gen Himmel, angebunden sind. Solche Wesen hängen oft „mit dem Kopf in den Wolken", träumen gern, schaffen nicht so viel, sind unorganisierter, sehr sensibel, irgendwie anders, mit dem Körper und allem Irdischen wenig verbunden, spiritueller orientiert. Solche Wesen strahlen meist und sind durch die Verbindung zum Himmel viel mit Licht in Kontakt. Mouna ist so ein Wesen. In den ersten Tiergesprächen unzähliger Schüler in all den Jahren des Unterrichtens von Basiskursen hat sie viel Licht gezeigt. „Irgendwie strahlte sie so.", oder: „Sie hat mir Lichtkreise gesendet", sagten die Schüler dann oft, fast verschämt, weil es so unpferdig klingt. Auch Mounas Unfähigkeit, ein Reitpferd zu sein, hängt damit zusammen. Wie soll jemand, der kein Interesse daran hat, sich viel mit seinem Körper auseinanderzusetzen, und der schlecht geerdet ist, in der Lage sein, jemand anderen zu tragen? Es ergibt Sinn. Ihre Arbeit ist keine körperliche. Leistung, Spielen, Reiten, Ehrgeiz, Training, Lernen: Alles das war niemals in Mounas Interesse.

Wenn jemand nichts von seinem Körper wissen will und nur mit dem Lichthaften beschäftigt ist, dann kann es eben passieren, dass der Körper besonders deutlich werden muss, um denjenigen daran zu erinnern, wo er jetzt gerade ist: auf der Erde. Gerade Pferde haben eine hohe Erdungsfähigkeit und die Hufe spielen hierbei eine große Rolle. All das wird mir bewusst, während wir den Seelenlauf für Mouna anwenden. Sie braucht Erdung, massig viel davon. Sie muss „auf den Boden" zurück, um ihren Lebensprozess weiterführen zu können. Als wir sie fragen, was sie nun braucht, sagt sie das auch so: „Ich möchte mich endlich hinlegen und ausruhen, endlich schwach sein dürfen. Meine Mütterlichkeit zählt jetzt nicht mehr. Ich möchte hierbleiben und meine Familie behalten, ich brauche unglaublich viel Ruhe und Zeit, ein weiches Bett. Ich brauche Regeneration und muss mich ausruhen, ganz viel liegen. Ich brauche einen geschützten Raum, in dem mich niemand stört. Ihr müsst mich bitte versorgen. Ich möchte nicht sterben, aber wenn ich es muss, ist das auch schön. Dann bin ich endlich körperlos."

Für mich stellt sich eine sehr wichtige Frage in diesem Seelenlauf, denn ich bin eine von den Geerdeten. Ich schaffe und mache im Übermaß. Meine Anbindung nach oben ist zwar, nicht zuletzt durch meine Arbeit, auch sehr gut vorhanden, jedoch befinde ich mich immer eher in der Erde, als im Licht. Auch etwas zu viel, denn meine jahrelange Erschöpfung spricht deutlich. Ich mache zu viel, schaffe zu viel. Vergrabe mich in Arbeit, nicht in der tatsächlichen Masse, jedoch in ihrer Schwere. Der Weg da heraus geht viel zu langsam, jedes Jahr leide ich wieder darunter. Ich will wissen, ob dieser Anteil in mir etwas damit zu tun hat, dass Mouna nun krank ist. Ob sie, als mein mir so unfassbar nahes Seelenpferd mit dieser riesigen Seelenschnittmenge zwischen uns, nun ausbaden muss, dass ich meinen Lichtwesen-Anteil nicht richtig auslebe. Ob sie mithilfe dieser Krankheit die Balance von Licht und Erde in unserer Seelenschnittmenge für uns wieder herstellen muss.

Aber schnell wird deutlich: Es ist nicht meins, was reguliert werden muss. Es ist nicht einfach nur so, dass sie etwas von mir übernimmt. Mouna lebt ihre eigenen Themen aus, die ich aber sehr gut kenne. Ich erinnere mich an meine eigenen Worte (siehe mein erstes Buch „Wahre Freundschaft mit Pferden"), dass es im Endeffekt fast egal ist, von wem die Ursache für die Situation gerade stammt, denn als Seelenverwandte findet man sich, um sich zu helfen. Um die Dinge zusammen zu durchleben. Weil man so viele Themen, Erfahrungen und Lebensaspekte teilt, hat man sich gefunden. Und diese gemeinsamen Themen sind nicht zufällig so wahnsinnig ähnlich. Es ist Absicht, dass ein Pferd zu mir kam, welches ganz ähnliche Themen hat und ähnliche Traumata erlebt hat. Weil ich das gut verstehen kann und sie wiederum mich gut versteht. Man leidet nicht füreinander, weil man so verbunden ist. So ist es nicht. Man ist nicht einfach nur ein reflektierender Spiegel füreinander.

Dass ich also nicht „schuld" bin an ihren Schmerzen, ist wichtig für mich. Nicht zuletzt, damit ich dieses Drama nicht auch noch zu meinem mache und dann beginne, mich damit um mich selbst zu drehen, um sie dann eher aus Selbstmitleid zu „erlösen", weil ich es kaum ertrage, von den auch bei mir vorhandenen Themen getriggert zu sein, anstatt für meine Stute stark sein zu können. Aber welch große Aufgabe das war und ist, stark zu sein und doch alle Prozesse bewusst durchzumachen, für sie, für mich und uns, das wird mir vielschichtig immer wieder vorgelegt. Jetzt und im Laufe der nächsten gemeinsamen Jahre.

Natürlich ist es trotzdem auch mein Drama. So ist es nun mal, wenn die Liebsten krank sind. Und das Drama nimmt seinen Lauf. Die Herausforderung, für mein Pferd da zu sein, zu funktionieren, während ihr Leben Woche um Woche am seidenen Faden hängt, und nebenbei eine ganze Ausbildungsreihe mit vier Durchläufen und 32 Menschen zu unterrichten, das ist mit nichts in meinem bisherigen Leben vergleichbar. Erst Jahre später wird mir immer klarer, welche Dimension dieser geschützte Raum hat, den Mouna brauchte und noch immer braucht. Den auch ich brauche. Erst jetzt weiß ich, welche dringend nötige Kurskorrektur dieses Schicksal für uns beide und damit für uns alle mitgebracht hatte. Erst jetzt ist mir klar, dass, wenn wir nicht direkt nach ihrer achtmonatigen Krankheit, zufälligerweise auch direkt im Abschluss an die Pferdeflüsterer Ausbildung, nach Costa Rica gegangen wären, entweder sie oder ich oder sogar wir beide so nicht mehr hätten weiterleben können. Unsere Seelenschnittmenge ist so riesig, dass es uns beide gleichermaßen affektiert hätte, wenn ich diesen K.O.-Schlag mit dem Zaunpfahl nicht als Anlass genommen hätte, endlich umzusetzen, was ich jahrelang vor mir hergeschoben hatte. Wenn ich nicht endlich radikal Verantwortung für mich und mein Glück übernommen hätte. Wohlwissend, wo ich längst hingehörte. Wo wir alle längst hingehörten. Milan und auch Mouna hatten mir längst gesagt, dass sie mit wehenden Fahnen mit mir nach Costa Rica gehen würden, und unsere jungen Tiere, also Makani und unsere beiden Hunde Happy und Cookie, waren schon als Sommertypen auf die Welt gekommen. Ich hatte sie vorher schon gebeten, sich nur bei uns einzufinden, wenn sie gern mit auswandern würden. Beide Hunde sind absolut kälteempfindlich und gingen im norddeutschen Regen nicht vor die Tür. Und Makani hatte sich schon als costaricanisches Seepferdchen gezeigt, bevor es ihn gab. Er drückte es so aus, dass er dann mit uns nach Hause kommen würde, wenn wir gemeinsam auswanderten. Wer ihn heute hier sieht, weiß, was er meinte.

Nachdem ich ein erstes Verständnis über Mounas Zustand durch den Seelenlauf mit Yvonne bekommen hatte, erhoffte ich mir damit Linderung ihrer Symptome. Ich dachte, die Berücksichtigung ihrer Wünsche zur Heilung und meine Annahme ihres Zustandes würden die Sache automatisch schon abmildern. Aber so war es nicht. Ihre Hufrehe wurde immer schlimmer, sie hatte sie auf allen vier Hufen. Wir sperrten Mouna in den Unterstand, sie hatte dort eine große, dick eingestreute Box. Mindestens zwei Mal täglich besuchte ich sie, mistete, arrangierte ihr Bett neu, fütterte sie nach Angaben des Tierarztes und versorgte sie mit Medikamenten. Obwohl sie mir von Anfang an deutlich sagte, dass ihr die Schmerzmittel nicht helfen würden und auch alle anderen Medikamente überflüssig wären, versuchte ich es. Ich versuchte sogar fünf verschiedene Schmerzmittel und drei Tierärzte waren bei uns. Es kamen außerdem zwei Tierheilpraktikerinnen und zwei Hufbearbeiter/innen. Ein Schamane wurde konsultiert. Alle hatten schlaue Ideen und waren sehr hilfsbereit. Hormone sollten schuld sein, dann Allergien, dann die Hufbearbeitung, dann die Fütterung, dann Parasiten. Wir behandelten auf alles. Aber nichts half, nicht mal ansatzweise. Wir behandelten Mouna an den Hufen mit Verbänden, Polstern und Keilen, mit Nahrungsergänzungsmitteln, mit Kräutern, mit Medikamenten, mit Homöopathie, mit Bioresonanz, mit Ölen und mit Meridianenergiearbeit. Ich ließ noch zwei andere Tierkommunikatorinnen mit ihr sprechen, alles ohne bahnbrechende Neuigkeiten. Ich gab ihr später auch wieder ein wenig Saftfutter, weil Mouna dabei blieb, dass sie es brauchen würde. Zwischendurch versuche ich sogar CDL, aber auch das brachte nichts. Der Zustand ihrer Hufrehe blieb akut und entzündet.

Als sie mit doppeltem Hufbeindurchbruch an den Vorderbeinen

fast nur noch liegen konnte und schon Druckstellen an ihren Beingelenken bekam, wurde ich immer mutloser. Für die laufende Pferdeflüsterer Ausbildung hatte ich extra ein Weidezelt gekauft und zu dritt mit unserem Gärtner umständlich aufgebaut, damit die Kurspferde ihren eigenen Unterstand bekamen und möglichst viel Abstand zu Mouna halten konnten. Die Teilnehmer bat ich, sie möglichst wenig zu beachten und ihr Mitleid im Zaum zu halten. Denn Mouna hatte bereits darum gebeten, von Fremden so viel in Ruhe gelassen zu werden, wie es möglich war. Die Tierärztin sah mich nur noch traurig an, als wir Mounas offenen Hufe geröntgt hatten, und glaubte nicht an eine Genesung. Selbst wenn sie überleben sollte, sagte Frau Doktor, würde Mouna nie wieder richtig laufen und immer irgendwie beeinträchtigt bleiben. Dennoch ließ sie mir den Raum, Mouna weiterleben zu lassen.

Es war nicht so, dass ich Mouna nicht hätte gehen lassen wollen, wenn sie gesagt hätte, dass es so weit ist. Ich hätte verstanden, dass sie nun, nachdem sie ihr Fohlen zweijährig und lebensfähig großgezogen hatte, keine Lust mehr gehabt hätte. Wir waren am Strand gewesen, wir lebten zusammen und ihr Fohlen war da. Alle Wünsche waren erfüllt, so dachte ich. Ich hätte auch verstanden, wenn sie den Weg nach Costa Rica nicht mehr hätte mitmachen wollen. Als nordisches Ekzemerpferdchen. Aber sie sagte mir in dieser Krankheit nie, nicht einmal ansatzweise, dass sie sterben wolle. Jeden Morgen begrüßte sie mich mit strahlenden Augen, wieherte mir zu und genoss die Aufmerksamkeit. Sie strahlte im Gesicht immer, als wäre nichts. Als könnte sie keine Schmerzen spüren und als wäre das Wesen in diesem Körper überhaupt nicht affektiert von dem, was da passierte. Wenn ich sie ansprach und fragte, wie sie sich fühlte, welche körperlichen Symptome sie habe, kam nichts. Als wäre sie nicht in ihrem eigenen Körper. Ich konnte an ihren Augen sehen, dass es teilweise auch so gewesen sein musste. Mir war klar, dass genau das, die Fähigkeit zur Dissoziation, die bei ihr traumabedingt so gut ausgeprägt ist, Teil des Problems ist. Ich wusste, dass sie erst genesen würde, wenn sie ihren Körper wieder annehmen und spüren würde. Wenn sie sich erden und Energie aus der Erde aufnehmen würde, um zu regenerieren.

Sie wollte also nicht sterben. Leben wollte sie aber auch nicht. Sie war im Raum dazwischen. Aus Tagen wurden Wochen, aus Wochen Monate. Sie lag, stand wenig. Die Hufe waren offen, dann heilten sie langsam zu, die Entzündung blieb.

Ich lernte in dieser Zeit immer neu, die Dinge loszulassen. Es gab intensive Prozesse in mir, die mit Selbstzweifeln, Kontrollverlust, Hilflosigkeit und anderem zu tun hatten. Ich konnte nicht umhin, mich als absolut unfähig zu verurteilen. Ich, die tolle Tierkommunikatorin für Pferde, die 32 Schüler unterrichtete, wie man Pferden zuhört, mit ihnen spricht und damit Menschen und ihren Pferden hilft, konnte mir und meinem dramatisch kranken Pferd einfach überhaupt nicht helfen. Ich musste es mitansehen, damit leben, dass Mouna mit mir über Krankheit kaum sprach, und akzeptieren, dass sie im Raum dazwischen vor sich hinvegetierte. Während der Kurse saß ich mit meinen Schülerinnen im Kursraum mit Blick auf den Unterstand, in dem sie lag. Ich saß mit dem Rücken zu ihr und mehr als einmal war ich kurz davor, den Unterricht abzubrechen, in Tränen auszubrechen und alle nach Hause zu schicken, weil ich in nichts mehr einen Sinn sah. Aber das war keine Option. Und so machte ich weiter, wie immer. Weitermachen ist meine Stärke. Oder ist es meine Schwäche?

DIE HEILUNG

Eines Tages, zwischen den Kursmodulen, erreicht mich eine Nachricht bei Instagram. Sie ist von einer Tierheilpraktikerin, die mir unbekannt ist. Es ist eine merkwürdige Nachricht, denn sie berichtet mir, etwas peinlich berührt, dass sie im Traum oder in einer schamanischen Einheit ein Wisent besucht hätte. Dass dieser Büffel ihr gesagt habe, dass sie sich an mich wenden solle. Irgendetwas wegen eines Verzeichnisses oder so etwas. Sie wisse es selbst nicht genau, aber vielleicht hätte ich eine Idee, was dieser Büffel meinte. Für mich ist es neu, dass eines meiner Krafttiere einfach andere Menschen aufsucht, sie anspricht und dann auch noch fast beauftragt. Ich erzähle ihr, dass dieser Büffel wohl mein Krafttier ist und dass sie gern Teil meines Verzeichnisses für deutschsprachige Tierkommunikatoren werden kann. Denn sie scheint auch damit zu arbeiten und darüber hinaus auch schamanisch und eben tierheilpraktisch. Mir ist aber schnell klar, dass das nicht der ganze Sinn dieser Begebenheit sein kann. Wenn mein Büffel sich auf den Weg macht zu anderen Menschen, dann ist das ganz bestimmt in meinem Sinne. Es bedeutet, dass dieser Mensch mir helfen kann. Die Sache mit dem Verzeichnis ist eher ein Köder, den mein Krafttier ausgelegt hat, damit diese Frau sich wirklich an mich wendet. Ich frage sie also, ob sie uns vielleicht helfen könnte. Zu dem Zeitpunkt liegt Mouna schon seit Monaten hauptsächlich herum, aber ihre Hufe sind wenigstens nicht mehr offen, wenngleich noch entzündet. Ich bin schon in tiefe Kontemplation damit gegangen, überarbeitet zu sein und eigentlich weniger machen zu wollen. Nur wie, das ist mir noch nicht klar. Vor allem sofort ist dies unmöglich umzusetzen. Ich wollte gern, dass das Universum mir dabei helfen würde oder mir ein Zeichen gäbe, aber so einfach sollte es nicht sein. Die Nachfrage für meine Arbeit blieb groß und die diesjährige Ausbildung sollte abgeschlossen werden. Gleichzeitig habe ich riesige Angst, dass Mouna am Ende sterben würde, nur weil ich die gemeinsame Aufgabe der Ruhe nicht rechtzeitig bewältigt bekommen würde. Denn natürlich ist mein Bedürfnis, mich auch einfach hinzulegen, in die Vollversorgung zu gehen, weich gebettet zu sein, gefüttert zu werden und nichts mehr zu machen, riesig. Auch ich spüre meinen Körper nicht so, wie ich sollte. Auch ich bin sehr früh im Leben traumatisiert worden und habe Isolation erfahren. Auch ich weiß gut, wie Dissoziation geht. Auch ich kann die Energie der Erde gebrauchen, denn gerade steht es schlecht um mich. Meine Energiereserven sind niedrig. Mein Knie ist geschwollen vom vielen Schleppen der Späne-Ballen, mein Kopf ist müde und abends weine ich mich in den Armen meines Freundes aus, der mir immer wieder Mut macht, einfach immer nur den nächsten Tag zu überstehen. Er ist es auch, der mir immer wieder bestätigt, dass Mouna nicht eingeschläfert werden muss. Sein unpferdefachmännischer Blick auf Mouna und ihre Situation und sein sehr gutes Urteilsvermögen für Körper, Krankheit und Seelen ist eindeutig und sehr hilfreich für mich.

Doch eins unterscheidet Mouna und mich deutlich: Meine Wünsche und Träume für dieses Leben sind in diesem Moment noch nicht alle erfüllt. Der größte Traum wartet noch.

Als die Tierheilpraktikerin kommt, steht Mouna gerade im Unterstand. Generell sinkt Mounas Laune, wenn Behandler auftauchen. Als sie diese Frau sieht, schaut sie aber ganz froh und legt sich beruhigt in ihr Späne-Bett, während die Tierheilpraktikerin mit ihr spricht. Danach geht diese behutsam zu ihr in die Box, setzt sich in die Späne und behandelt Mouna an ihren Hufen mit Ölen und singt ihr dazu ein schamanisches Lied mit schönen Klängen. Es ist einer der ersten schönen Tage des Jahres, die Nachmittagssonne scheint auf uns. Ich lehne auf der Absperrung zu ihrer Box und schaue uns von außen zu und denke, dass diese Frau wahrhaftig ist. Schamanische Gesänge werden in meinen Augen in Deutschland hauptsächlich von Menschen praktiziert, die sehr egobasiert leben. Je spektakulärer und mystischer eine Behandlungstätigkeit daherkommt, umso weniger geht es dabei um den Hilfsbedürftigen, dafür umso mehr um den Behandelnden, den selbsternannten Helfer. So sehe ich es. Aber hier ist nichts davon zu spüren. Das Lied ist schön, Mouna und ich genießen die unfassbar beruhigende Stimme. Sie ist sehr liebevoll und respektvoll, Mouna bleibt einfach liegen und beginnt zu dösen. Das hätte sie niemals mit einer Fremden getan. Die Tierheilpraktikerin sagt, dass Mouna sie darum gebeten hätte, das hier für sie zu tun.

Danach berichtet sie mir, was Mouna ihr gesagt hat. Wie ihr alles viel zu viel ist, sie sich schlecht anderen gegenüber abgrenzen kann. Wie hypersensibel sie ist und dass sie immer alles aus ihrem Umfeld aufnimmt und schlecht wieder loswird. Wie sie schon früher, als Fohlen und mit ihrer Mutter, diesbezüglich stark belastet wurde. Wie sie Isolation erlebt hat und Schmerzen und dass sie mittlerweile einfach leer und schwach sei. Die Frau berichtet, dass Mouna so viele Menschen und Tiere zeigt, die an ihr vorbeiziehen und alle etwas hinterlassen. Dass sie nicht mehr kann. Dass sie Ruhe braucht. Dass alles mit ihren Vorleben, ihren weiblichen Ahnen und auch mit ihrer eigenen Lebensgeschichte zu tun hat.

Alles, was sie sagt, könnte auch von mir stammen. Alles, was ich bisher über mich und meine Geschichte, meine Ahnen und meine Kindheitstraumata gelernt habe, all das passt genauso in diese Aussagen. Und natürlich sehe ich, dass Mouna, als das Wesen mit der größten Seelenschnittmenge mit mir, als Hypersensible, so wie ich es bin, auch alles mitmacht, was ich in meiner Arbeit erlebe. Zu diesem Zeitpunkt habe ich bereits mehrere Jahre hinter mir, in denen ich versucht hatte, weniger zu arbeiten und meinen Arbeitsalltag so zu gestalten, dass ich dabei mehr Energie gewinne, als zu verlieren. Gelungen war es mir immer nur zu kleinen Teilen. Zu stark waren meine traumabedingten Glaubenssätze, viel leisten zu müssen, um überhaupt liebenswert zu sein oder das Recht zu haben, einigermaßen sicher leben zu dürfen. Bis heute quälen sie mich.

Die Tierheilpraktikerin ist nicht die Erste, durch die Mouna diese Botschaft mitteilt. Aber die Erste, die wir beide hundertprozentig hereinlassen können. Dass sie nicht aus dem Dunstkreis meiner eigenen Absolventinnen oder Freundinnen gekommen ist, sondern dass mein Büffel sie geschickt hat und sie uns gar nicht kennt, macht es leichter, mit ihr zu arbeiten.

Am nächsten Tag bittet mich Mouna, den Zugang zur Wiese wieder offen zu lassen. Ich hatte es ihr im Laufe der Krankheit immer wieder angeboten, dass sie die zehn Meter zur Wiese hinübergehen könne, wenn sie es sich zutraute. Aber der sandige Weg dorthin war ihren Hufen zu hart, es war nicht machbar. So sehr sie sich das Gras wünschte. Als sie an diesem Tag den Weg macht, kann ich kaum hinsehen, so kompliziert und schmerzhaft arbeitet sie sich Schritt für Schritt zum Grün. Aber ich rede ihr gut zu. Als sie ankommt, frisst sie dankbar, legt sich dann hin und frisst im Umkreis um sich herum alles ab. Dann erhebt sie sich wieder, geht ein paar Meter weiter und legt sich wieder hin. Das macht sie fünf bis sechs Stunden lang, bevor sie wieder in ihr Bett geht. Auf der Wiese stehen viel Schafgarbe und andere Kräuter, die ihr helfen. Sie frisst Unmengen davon. Ab diesem Tag schafft sie es immer öfter raus auf die Wiese. Nicht jeden Tag, aber wenn, dann bleibt sie immer von spätmorgens bis spätnachmittags. Milan und Makani dürfen immer noch nicht zu ihr, weil die Gefahr zu hoch ist, dass Mouna nicht ausweichen kann mit ihren schmerzhaften Hufen, falls die Jungs zu rüpelig zu ihr sind. Und sowieso hat sie von Anfang an darum gebeten, von ihnen getrennt sein zu können, denn ihre Ruhe hatte Priorität. Milan steht meistens wachend am Zaun und gibt ihr den Raum, entspannt zwischen weißen Margeriten dazuliegen und zu fressen. Es ist ein sehr friedlicher und idyllischer Anblick, wie Mouna mit ihrer wunderschönen, vom Ekzem bisher noch unberührten Mähne die Sonne des Frühlings genießt und daliegt und sich selbst genießt. Sie wirkt völlig im Frieden mit allem und sagt, dass sie sich nichts Schöneres vorstellen kann, als diesen Moment. Obwohl sie mittlerweile abgemagert ist, sehr schwach wirkt und ihr Körper immer noch starke Schmerzen und Entzündung zeigt.

Am selben Tag, als Mouna das erste Mal auf die Wiese geht, einen Tag nach der Behandlung, bekommen wir die Nachricht, dass unser Grundstückskauf in Costa Rica nun geklappt hat und abgeschlossen ist.

An diesem Punkt entscheide ich, dass ich endlich aufhören muss, nach „dem" Besserung bringenden Weg zu suchen, und dass ich alles getan habe. Dass ich akzeptieren muss, dass es so ist. Dass ich mich lieber darauf konzentriere, mich zu freuen, dass Mouna da ist. Dass sie sich freut, mich jeden Tag zu sehen, dass sie hier sein kann, auf die Wiese gehen kann, ihren geschützten Ort hat. Sie sieht so wunderschön aus, gleichzeitig so zart und zerbrechlich.

Endlich habe ich Späne liefern lassen, anstatt sie mit Rückenschmerzen und geschwollenem Knie einzeln anzuschleppen. Und ich weiß: Solange ich mich nicht konsequent um mich kümmere, wird ihr Zustand auch nicht signifikant besser. Die empfohlenen Mittel kommen an. Zwei Tage lang frisst Mouna diese, danach nicht mehr. Mouna wartet darauf, dass ich endlich aufhöre, zu machen. Aber dann empfiehlt mir die Tierheilpraktikerin eine Hufpflegerin. Mein Hufpfleger ist überfordert und mit seinem Latein am Ende, also hole ich diese Person auch noch zu uns.

Die Frau ist sehr streng und vorurteilsbehaftet. Unser erstes Gespräch am Telefon läuft wie ein Verhör, sie ist schlecht gelaunt. Sie will Mouna sofort in die „EMS / Cushing"-Ecke stellen. Natürlich sagt sie, ich solle Mouna von der Wiese nehmen und dass sie sicherlich viel zu fett sei. Als sie kommt, atmet sie mehrfach genervt durch, obwohl ich wirklich ruhig bin und einfach nur Hilfe möchte. Sie sagt immer wieder meinen Namen, meistens als ganzen Satz: „Frau Seib." Als würde ich sie nicht verstehen. Ich bleibe nett und sage, wie es ist, aber sie will es kaum hören. Ich bin kleinlaut, als ich allen Mut zusammennehme und ihr sage, was Mouna berichtet und wie unser bisheriger Weg ist. Sie wiederholt, dass Mouna sicherlich viel zu fett war. Ich zeige Fotos aus dem Herbst und von kurz bevor sie krank wurde. Sie schaut eine Ewigkeit darauf, mit gerunzelter Stirn. Dann sagt sie: „Ja, manchmal sieht man das von außen nicht." Sie kommt freundlicherweise wieder und macht Strahlpolster mit Therapieschuhen. Mouna liegt weniger, geht aber genauso schlecht wie immer. Mein Freund findet es nicht gut, dass ich der Frau überhaupt zuhöre. Ich bin mürbe, habe meinen absoluten Behandler-Tiefpunkt mit dieser Expertin, fühle mich ungesehen und zweifle an allem. Sie scheint mich aus der Öffentlichkeit und meine Arbeit zu kennen, Vorurteile über mich zu haben, verurteilt mich stumm und verbal dafür, dass mein Pferd krank ist. Die Frau schlägt Blutegel vor, ein anderes Schmerzmittel und so weiter. Sie lässt das Heu für mich prüfen, das hätte bestimmt einen zu hohen Fruktan-Wert. Ich bestelle anderes Heu auf ihren Rat, nehme gleich eine Lieferung für das ganze Jahr. Ich weiß: Daran liegt es nicht. Mouna hat es mir gesagt.

Aber schaden kann es nicht, denn ganz zufrieden war ich nicht mehr mit den Ballen meines vorherigen Lieferanten. Dann kommt sie einfach nicht mehr wieder. Es ist gut so, ich brauchte wohl doch nochmal die Breitseite des Zaunpfahls, um zu verstehen, dass es wirklich gut ist und ich nichts mehr tun soll. Mouna rollt fast mit den Augen, nachdem sie wiederholt mitteilt, dass die Strahlpolster und Therapieschuhe eher nerven und sowieso immer alles verrutscht. Bald lasse ich sie also wieder weg.

Im vorletzten Modul meiner Pferdeflüsterer Ausbildung, dem Spirit-Kurs, gibt es eine Übung, in der meine Schülerinnen mit ihren Pferden über spirituellere Themen sprechen. Als alle still vor sich hinarbeiten, nutze ich die Chance, mich mal wieder mit Mouna auszutauschen. Ich stelle ihr die Fragen, die auf meinem Übungszettel stehen.

› Wie nimmst du dein Umfeld wahr, welche Sinne benutzt du neben Hören und Sehen am meisten?

„Ich benutze dich dafür. Ich nehme alles wahr, was ist, und nutze die mir nahen Wesen wie Verstärker und nehme wahr, was sie wahrnehmen. Dadurch formt sich meine Welt. So wie bei dir."

› Kennst du Geheimnisse über das Leben, die ich nicht kenne?

„Ja. Du musst nichts tun. Das Leben tut für dich. Du hast das schon gehört, verstanden hast du es noch nicht."

› Wieso sind wir zusammen?

„Wir sind nicht zusammen, wir sind eins. Diese Frage gibt es nicht."

› Was braucht deine Seele, um noch besser im Hier und Jetzt leben zu können?

Mouna galoppiert vor meinem inneren Auge über den Strand. Sie glänzt, ist fit, wunderschön. Sie ist stolz. „Sei so. Du bist es wert. Ich bin du. Lass los. Lass es wie Sand aus deinen Händen rieseln. Verknüpfe nur die losen Enden, die man dir reicht. Sei so. Kraftvoll, schön, fit. Ich bin du. Ich bin immer da."

Die Schüler arbeiten noch. Ich sitze mit dem Rücken zur Weide, direkt neben der Tür zum Garten. Ich stehe auf, drehe mich um, trete hinaus. Und schaue meinem Pferd ins Auge, welches 100 Meter weiter in der hintersten Ecke ihrer Wiese steht, an unserem Kraftort direkt bei den großen Eichen. Sie schaut mich direkt und unverwandt an, hatte mich mit erhobenem Kopf erwartet. Ich bin von ihrem liebevollen Blick, selbst aus dieser Entfernung, sofort eingenommen. Ich lächle. Sie nickt. Zweimal, dreimal. Schaut genauso intensiv. „Ja!", sagt sie. „So ist es!" Sie senkt ihren Kopf erst wieder ins Gras, als ich wieder reingehe.

Ein paar Tage später führe ich am Telefon ein Pferdegespräch mit einer sehr alten Stute einer guten Kundin. Auch dieses Pferd hat Hufrehe. Mittlerweile habe ich schon von vielen Menschen gehört, dass ihre Pferde derzeit langwierige Hufrehe durchleben. Die Stute beschreibt mir, dass der Grund dafür im Boden liegt. Ich frage, ob sie Gras meint. „Nein." Ob sie den Untergrund meint oder die Art, wie ihre Hufe auf dem Boden stehen. Sie sagt: „Nein." Sie sagt, dass Druck aus der Erde kommt. Ich frage, ob der Ort, an dem sie lebt, belastet sei. Sie sagt: „Ja, die ganze Erde." Die ganze Welt, der Planet stehe unter Druck. Wie ein Hochdruck, der das Energiefeld der Welt verändert. Die ganze menschliche Krise durch den C-Virus, all das. Die Menschen müssten sich ausrichten, es ordne sich alles neu. Das erzeuge viel energetischen Druck. Ihr Mensch könne ihr helfen, indem sie eine Kuppel aus weißer Energie über ihr Zuhause zieht. Ihr würde man aber auf weltlicher Ebene nicht wirklich helfen können, nicht mit Medikamenten oder Futter. Sie würde es ertragen, es wäre nicht so wichtig für sie, zu heilen.

Ich fühle mich an Mouna erinnert. Meine Kundin ist selbst jemand, die energetisch heilend arbeitet. Sie hatte Mouna schon viel geholfen, weil sie unser Drama mitbekommen hatte und ich ihre Hilfe schätze. Sie möchte wissen, wie es Mouna geht, und ich erzähle ihr, dass wir immer noch feststecken, sie immer noch so starke Symptome hat.

Sie schlägt vor, ihre Stute zu fragen. Ich habe erst Bedenken, denn wir sprechen hier ja für sie und ihr Pferd und nicht für Mouna und mich. Aber meine Kundin sagt, dass es sie auch interessiert. Also frage ich.

Die Stute zeigt mir einen Urknall aus weißem Licht, der in Kreisen ausstrahlt. Der im Universum stattfindet, eine extreme Lichtexplosion. Immer wieder. Ich verstehe nicht. Ich frage, wo es mit Mouna hinführen soll. Sie sagt: „Ihr seid auf dem Weg." Und: „Mouna wird dich heilen." Ich weiß schon, was sie meint. Meine jahrelangen Symptome, mein Darm, meine Gelenke, immer energetisch schwach unterwegs. Schon seit der Geburt. Mein traumabedingtes Verhalten in Beziehungen und mir selbst gegenüber. Sie sagt: „Mouna ist stark, sie geht da durch. Für dich, für sich, für euch, für alle. Hilf ihr, indem du dir endlich selbst hilfst. Nimm an, was du für Fähigkeiten hast. Nicht zu dienen, sondern zu heilen. Heile dich. Befreie dich." Ich sehe mich, wie ich eine Art Urknall von weißem Licht erzeuge, was alles sprengt, was war. Was mich lose sprengt von all dem schweren Mist der Vergangenheit. Wie ich wie neugeboren, viel leichter und schmerzfrei, mit leichten Gedanken und meiner kindlichen Begeisterung, Liebe und Lebensfreude aus einem unglaublichen Energiekraftakt herauskomme. Befreit bin von weltlichem Anspruch daran, wer ich zu sein habe und was ich zu leisten habe.

Ich sehne mich so danach, aber ich weiß nicht, ob ich diesen Kraftakt schaffe. Zu sehr bin ich schon am Boden, am Ende meiner Kräfte. Mein Knie ist maximal geschwollen, mein Darm steht Kopf. Ich habe 10 kg zugenommen in dieser Zeit. Ich bin gereizt, habe schreckliche Gedanken und träume davon, wie jemand Makani tötet und ihn mir tot neben mein Auto legt. Ich habe Angst vor irrationalen Dingen und kann Alltägliches nicht mehr richtig beurteilen. Es ist ein Teufelskreis. Je schlechter Mouna auf ihren Füßen steht, umso schlechter geht es mir. Ich weine sehr viel, bin emotional völlig überdreht. Ich bin gerade für zwei Wochen ohne Mann und großen Hund mit meiner Zwergdackelhündin Cookie allein zu Hause und fühle mich extrem unsicher. Cookie ist nicht mal ein Jahr alt, versucht, auf mich aufzupassen, und kläfft alles an, was sie zu wittern meint. Sie tröstet mich herzallerliebst und legt sich wie ein Schal um meinen Hals und leckt meine Tränen weg, wenn ich weine. Ich überlege, ob ich jetzt verrückt werde. Ob es wirklich sein kann, dass das irdische Energiefeld und meine Position in dieser Welt auch Gründe für Mounas Hufrehe sein können. Ob sie hier wirklich gerade das für uns macht, was ich mitmachen soll. Entgiften, loslassen, erden, ruhen, neu geboren wieder hervorkommen.

Es würde passen, denn seitdem sie nach Annikas schamanischer Behandlung wieder aus ihrem Unterstand kam, sieht sie schöner aus als je zuvor. Sie hat abgenommen, wirkt dadurch so unendlich zart. Bewegt sich langsam, vorsichtig, hat eine wunderschöne Mähne. Sie schaut in die Sonne mit kugelrunden, wachen Augen, lächelt dabei sichtlich. Sie wiehert kristallklar, wenn sie mich sieht, genießt den Wind, die Sonne, das Gras, die Kräuter und die Vögel. Sie ist total glücklich, obwohl es immer aussieht, als stünde ihr Leben auf Messers Schneide. Nach wie vorher humpelt sie Huf für Huf sehr beschwerlich die wenigen Meter von der weichen Späne-Unterlage im Unterstand zur Wiese, um dort langsam grasend sich etwas besser zu bewegen. Nach rund fünf Stunden kommt sie immer von selbst wieder in ihren Unterstand. Sie liebt es, diesen Ablauf zu haben.

Ich weiß wirklich nicht, wie ich es schaffen soll, einen Urknall aus weißem Licht im Hier und Jetzt zu kreieren, damit wir heilen können. Ich weiß es einfach nicht. Es scheint nicht machbar in diesem Körper. Aber ich muss es tun. Für Mouna und für mich. Die Stute der Kundin hatte es richtig gesagt: Unter diesem Druck, der herrscht, müssen wir wählen, wer wir sein wollen. Ab jetzt gibt es keinen Raum dazwischen mehr. Kein vor sich hinleben und schauen, ob man so ein bisschen

Selbstverwirklichung macht neben der ganzen Bespaßungs- und Beschäftigungskultur unserer Gesellschaft. Diese hat sowieso gerade ihr Ende gefunden. Spaß ist verboten, oberflächliche Beschäftigung ist schwer geworden. Wir haben die Wahl: rein in die Angst und Fremdbestimmtheit oder aber raus aus allem in die absolute Selbstverantwortung.

Ich habe Angst, dass ich es nicht schaffe und dass Mouna deshalb stirbt. Es ist Mitte Juli, seit fünf Monaten geht diese Odysee.

Auf ihrer Sommerwiese fühlt Mouna sich wohl, diese liegt innerhalb des Paddock-Trails und neben der großen 3-Hektar-Weide. Es ist schön für sie, dass ihr Sohn und ihr Ehemann immer um sie herum sind. Die beiden halten sich freiwillig in Sichtweite auf, und falls sie aus Versehen mal hinter ihrem Zelt verschwinden, ruft Mouna und sie tauchen gleich wieder auf. Makani ist mittlerweile zwei Jahre alt, und obwohl er seit fünf Monaten von seiner Mutter getrennt ist, wird er nicht müde, nach ihr zu sehen, sie zu rufen und zu versuchen, zu ihr zu kommen. Es ist kein verzweifelter Versuch, sondern ein liebevoller. Er findet, die Familie gehört zusammen, und er möchte sie einfach dabeihaben. Er kommt gut klar mit Milan im Zweierteam, die beiden haben eine wundervolle Symbiose und Milan ist der stärkste Vater aller Zeiten. Aber Makani bleibt dran. Er erinnert Mouna immer wieder daran, dass sie zusammengehören. Dass sie gesund werden soll. Einmal geht er sogar durch den Zaun zu ihr und ich gestatte es ihm, für eine halbe Stunde mit ihr zu grasen. Sie betreiben sogar sofort Fellpflege, obwohl Mouna noch nicht so recht duldet, dass Makani ihr zu sehr auf die Pelle rückt. Sie kann sich immer noch kaum bewegen, braucht ihren Raum.

Vor dem letzten Modul der Pferdeflüsterer Ausbildung nehme ich mir Urlaub und fliege zusammen mit Yvonne in die Sonne. Ich brauche Abstand und Ruhe, bin am Ende meiner Kraft. Ich muss meine Gedanken, die immer um Mouna kreisen, beruhigen.

Bisher habe ich Mouna wenig selbst behandelt, obwohl ich gut in energetischen Behandlungen bin und diese auch für Kundenpferde anbiete. Es ist schwer, mich zwischen ihrer Versorgung, meiner Arbeit und allem anderen noch ruhig hinzusetzen und mich zu zentrieren. Die wenigen Male, die ich es versuchte, konnte ich nicht spüren, dass die Behandlung wirklich bei ihr ankam. Mit Abstand und in der Sonne im Urlaub klappt es endlich. Ich behandle sie einige Male und es wird sofort besser. Sie geht mehr und wird endlich mobiler.

Der Urlaub war ein spontaner und die Planung nicht optimal, und so muss ich einen Tag nach meiner Rückkehr den ersten Tag des ersten Profikurs-Moduls unterrichten. An Tag 2 des Kurses überlege ich, ob ich aufgeben muss, den Kurs abblasen soll, weil ich nicht mehr kann. In der Mittagspause an Tag 3 komme ich in die Küche unserer Privatwohnung, die auf unserem Hof direkt neben der Kurswohnung liegt, und mein Partner und ich treffen eine spontane Entscheidung. Wir sollten lieber bald nach Costa Rica gehen und nicht, wie ursprünglich geplant, erst warten, bis unser Haus dort gebaut ist.

Es ist wie eine Offenbarung, als wir diesen Entschluss treffen. Ich hatte mir nicht zu denken erlaubt, dass wir wirklich jetzt gehen könnten. Noch vor diesem Winter. Es ergibt alles einfach Sinn, als ich diese Idee erlaube. Mouna müsste nie wieder solche Kälte erleben, die sie so hasst und in der ihre Hufrehe begann. Wir würden einfach einen Dimensionssprung dahin machen, wo wir uns alle seit drei Jahren sehen und womit wir, aus verschiedenen Gründen, immer Geduld haben mussten. Ich würde endlich in meinem geliebten Umfeld leben dürfen. In der Wärme, der Sonne, der reichen Natur, direkt am Meer und in der unendlichen Weite. Wir würden endlich nach Hause gehen und ich könnte dort heilen. Das ist es. Das ist der Urknall, den wir brauchen, die radikale Änderung, mit der ich mich selbst heile. Es ist glasklar.

Ab diesem Tag geht es Mouna schlagartig besser. Sie lahmt fast nicht mehr, geht flüssig und nicht mehr Fuß für Fuß, hat entspanntere Muskelpartien und wirkt lebendiger. Ich behandle sie immer noch energetisch, aber nur circa alle zwei bis drei Tage. Sie geht sogar mehrmals von der Wiese in den Unterstand hin und zurück, bisher hatte sie immer nur „eine Runde" am Tag geschafft. Ich nehme mir vor, sie erst mit den anderen zusammen zu lassen, wenn sie traben kann. Zwei Wochen lang geht es steil bergauf und im zweiten Profikurs dann zeigen meine Pferde deutlich an, dass es Zeit ist. Mouna steht oft sehnsüchtig in der hintersten Ecke ihrer Weide und wiehert ihren Jungs auf der großen Weide zu, die Jungs stehen oft nah bei ihr und wünschen sich den Zaun weg. Vorher hatten sich alle damit arrangiert, dass Mouna ihren Raum braucht, auch wenn Makani zwischendurch immer wieder auffordernd zu ihr kam, um sie zu animieren, wieder zu ihnen zu kommen. Aber Mouna reagierte nicht. Nun tut sie es, und mein Plan war, die Zusammenführung erst nach dem Kurs zu absolvieren, damit wir mehr Platz, Ruhe und Zeit haben. Meine Pferde wissen es aber natürlich mal wieder besser und sie werden immer fordernder. Als ich unterrichte, sagt plötzlich eine Schülerin: „Oh, wie schön Mouna laufen kann! Sie galoppiert sogar!", und ich traue erst meinen Ohren, dann meinen Augen kaum. Aber es stimmt: Sie läuft fast so, als wäre nichts. Sie ist wütend, dass sie nicht endlich zu den anderen darf. Sie ist bereit! Also lasse ich sie alle zusammen und sofort tun alle so, als gehöre es so und nicht so, als wäre es ein halbes Jahr lang anders gewesen. In den folgenden Tagen entwickelt sie sich weiterhin so gut, sie trabt manchmal schwebend. Der Galopp klappt meistens doch noch nicht so recht. Aber sie ist lebensfroh und endlich ist ihre Kraft zurück, die ich so lange vermisst hatte.

DAS KRANKE PFERD

Fragt man kranke Pferde, ob sie krank sind, antworten überraschend viele, dass sie sich nicht mit der Idee des Krankseins identifizieren. Die menschliche Einordnung in „krank" und „gesund" ist für Pferde und andere Tiere manchmal schwer nachvollziehbar, und man braucht auch als Mensch nicht viel darüber nachzudenken, wieso das so ist. Denn wer ist schon immer nur gesund? Spürt man selbst jetzt gerade in seinen Körper hinein, dann haben die allermeisten von uns irgendeine Art von Symptom und viele von uns ordnen das einer Krankheit zu. Dennoch würden wir uns nicht alle als „krank" bezeichnen. Viele von uns bezeichnen sich auch als kerngesund, haben vielleicht aber unentdeckte Krankheiten. Den Körper einzuordnen in nur zwei Zustände, nämlich „krank" oder „gesund", wird nicht dem gerecht, was Pferde fühlen oder wie sie sich in ihren Körpern erleben.

Doch uns Menschen wurde beigebracht, dass es so ist. Und dass wir das Urteil darüber nicht selbst fällen dürfen. Als Kranker braucht man außerdem unbedingt Hilfe von außen, um den Zustand wieder zu ändern und als gesund zu gelten. Gestaltet sich dies schwierig, fühlen wir uns oft hilflos und miserabel, zurückgelassen im ewigen

Kranksein, falls wir uns nicht selbst heilen können. Dabei vergessen wir oft, dass die der Medizin zugeschriebene Allmacht über unseren Gesundheitszustand eine Illusion ist. Denn ganz egal, welche Mittel von außen bei einer Krankheit helfen sollen, heilen können wir uns am Ende nur selbst. Ein Körper, welcher nicht mehr leben möchte, wird auf keine Behandlung mehr ansprechen. Ein Körper, dessen Geist meint, er wäre todkrank, wird nicht einfach so gesunden. Wir haben es selbst sehr viel mehr in der Hand, zu heilen, als wir meinen.

Pferden wurde nicht so sehr eingetrichtert, dass der Schlüssel zu ihrer Gesundheit ein Besuch vom Arzt ist. Sie definieren sich weniger darüber, ob sie als „krank" oder „gesund" beurteilt werden. Dennoch gibt es Parallelen, denn Pferde und Menschen haben einiges gemeinsam. Besonders Sportpferde und solche, die dafür gezüchtet wurden, um geritten zu werden, wachsen damit auf, dass sie über ihre Leistungsbereitschaft und über ihre Leistungsfähigkeit definiert werden. Ihr Körper soll funktionieren und benutzt werden. Je besser ihre Leistung, umso mehr Ansehen und Zuspruch erhalten sie von ihren wichtigen Herdenmitgliedern, den Menschen. Gerade Pferde, die wenig Sozialleben mit anderen Pferden haben und somit keine stabile Herde erleben dürfen, finden es umso wichtiger, wie ihre Menschen über sie urteilen. Sie verstehen, was über sie gesagt wird, sie spüren, wie stolz ihr Reiter auf sie ist, und sie wissen, wenn sie wegen Unbrauchbarkeit verkauft werden. Das hat eine gewisse Parallele zur menschlichen, westlichen Arbeitswelt. In einer sogenannten „Leistungsgesellschaft" aufzuwachsen, bedeutet, sich darüber zu definieren, wie produktiv man Teil der Gesellschaft ist und wie gut man in seiner Arbeit ist. Je wichtiger unsere Stellung im Job ist und je mehr Menschen uns Anerkennung schenken in unserer Position, umso besser fühlen wir uns. Sozialer Status, definiert darüber, wie gut wir in die Arbeitsgesellschaft integriert sind, ist vielen Menschen wichtig, obwohl sie teilweise vielleicht so tun, als wenn das nicht so wäre. Das System unserer Gesellschaft hat einen nachdrücklichen Dienst getan, uns so zu prägen, dass es uns kaum möglich ist, aus diesen Denkstrukturen auszusteigen. Und so machen wir und schaffen wir, und wenn wir nicht mehr können und unsere Symptome immer mehr zeigen, dass es so eigentlich nicht geht, bekommen wir irgendwann den Stempel, vor dem wir uns so fürchten: krank. Dann dürfen wir nicht mehr zur Arbeitsstelle, werden ausgesondert und als weniger leistungsfähig abgestempelt, sollte dieser Zustand auch noch zu lange andauern. Wir finden uns isoliert wieder und stellen unsere Identität infrage, fühlen uns minderwertig und nicht richtig. Gesund und leistungsstark, für unsere Mitmenschen und das System, so sollen wir sein.

Auch Pferde, die ausgesondert und abgeschoben werden, weil ihre Körpersymptome zeigen und die Leistungsfähigkeit damit infrage stellen, fühlen sich schlecht. Sie hegen große Selbstzweifel, denn sie wissen und haben verstanden, dass sie über ihre Leistung definiert werden. Ein ehrgeiziges Sportpferd mit einer passenden, extrovertierten Persönlichkeit, die das Gewinnen liebt, fühlt sich wie ein Nichtsnutz, wenn es aussortiert wird. Es braucht einen liebenden Menschen, der ihm versichert, dass es sich nun ausruhen darf, und der weiterhin auf Augenhöhe mit ihm kommuniziert, um seinen Rentner-Status zu akzeptieren. Aber der Grund, warum nicht das ganze Land voller Rentner-Sportpferde ist, liegt wohl darin, dass nicht alle Sportpferde die Rente überhaupt erreichen. Sehr viele zeigen vorher Symptome, die ihr Geist und ihr Körper zu Recht zutage gebracht haben, um zu sagen: „So tut es mir nicht gut. In meinem Leben brauche ich mehr als die Bestätigung meiner Leistung."

Diese Meldung eines Lebewesens als „krank" zu verurteilen und diesen Zustand mit allen Mitteln aufheben zu wollen, ist kein tiefes Verständnis der Botschaft dahinter. Auch deshalb bleiben viele Pferde lange oder für den Rest ihres Lebens krank.

Besonders eindrücklich fand ich ein Pferdegespräch mit einem vielversprechenden Sportpferd, welches von Weltranglistenreitern begehrt war, sich aber allen verweigerte, nur seiner Besitzerin nicht. Dieses Gespräch war Teil eines Live-Webinars von mir. Wir sahen ein Foto seines Gesichts im Halfter. Ohne es zu kennen und ohne mehr als seinen Namen und sein Alter zu wissen, hat dieses Pferd bei mir und auch bei einigen Teilnehmern deutliche Worte gefunden:

„Mich kann man nicht brechen. Ich bin stark, habe einen starken Geist und einen starken Willen. Leider wird das oft verkannt. Mir ist es am wichtigsten, dass ich immer ich selbst sein darf. Manchmal bin ich genervt davon, was man alles von mir will. Gleichzeitig bin ich hochintelligent, weiß und kann alles. Ich bin gut im Lernen, verstehe schnell. Insgesamt bin ich missverstanden. Ich habe Magendrücken. Gehöre ich hierher, zu meiner Menschin? Die Antwort brauche ich von ihr. Man hat mir übel genommen, dass ich den Erwartungen nicht entsprochen habe, das hat mich geschockt. Deshalb gibt es eine gewisse Grenze, wozu ich bereit bin. Ich möchte Ruhe, angenommen werden, viel Liebe. Ich brauche niemand anderen als meinen Menschen."

Die Frau dazu berichtete, dass sie dieses Pferd selbst groß gezogen hatte, so wie auch andere, die sie erfolgreich ausgebildet und verkauft hatte. Dieses Pferd hatte viele Interessenten, aber alle wurden direkt abgeworfen. Also ritt sie es selbst, bis sie einen Sportunfall in einem anderen Sport erlitt. Für einige Monate war dieses Pferd deshalb im Beritt bei einem Trainer, der selbst von diesem Pferd fiel. Nach seinem ersten Sturz ergriff er viel zu harte Maßnahmen. Als die Frau ihr Pferd wiedersah, war es niedergeschlagen, wenig bemuskelt, stumpf im Maul geworden und es hatte Magenprobleme. Nach diesem Gespräch entschied die Besitzerin, mit ihrem Pferd nun von dort wegzuziehen und ihm zu geben, was es wollte: eine klare Entscheidung, dass es bleiben durfte, Ruhe und Liebe.

Nicht alle Menschen identifizieren sich mit der Leistungsgesellschaft und nicht alle Pferde sind Sportpferde. Nicht alle Krankheiten zeigen an, dass zu viel geleistet wurde. Manchmal geht es um ganz andere Dinge, wenn ein Pferd Symptome zeigt. Jedes Pferd hat, so wie auch jeder Mensch, seine ganz individuelle Geschichte, in die sehr viele Faktoren hineinspielen. Die Gründe für einen Zustand finden sich nie einfach nur auf einer simplen Oberfläche wie „Mein Pferd spiegelt mich" (siehe dazu das Kapitel „Die Seelenschnittmenge" in meinem ersten Buch ‚Wahre Freundschaft mit Pferden – Erlebnisse einer Tierkommunikatorin'). Es spielen immer mehrere Faktoren mit in einen Krankheitszustand hinein. Seelische Faktoren, Umweltreize, Haltungsbedingungen, frühere Erlebnisse, Aufzuchtbedingungen, Fütterung, energetische Einflüsse eines Ortes, Themen der Wesen im nahen Umfeld und vieles mehr kann den Zustand eines Pferdes beeinflussen. Nicht zuletzt sind die seelischen Themen des oftmals engsten Herdenmitglieds, dem dazugehörigen Menschen, häufig sehr wichtig, weil die gemeinsame Seelenschnittmenge groß ist und man Dinge gemeinsam auslebt, so wie bei mir und Mouna. Sich jedoch nur auf einen dieser hineinspielenden Faktoren zu versteifen, wird der Komplexität einer Krankheit eines Pferdes nicht gerecht. Zu versuchen, die Ursache zu verstehen und dann alles so zu machen, dass sie eliminiert werden kann in der Erwartung, dass das Pferd damit ja nun gesunden wird, ist eine sehr menschliche Idee, die so oft nicht aufgeht. Die Enttäuschung darüber aufseiten des Menschen führt oft dazu, dass wir dann uns selbst infrage stellen und fragen, ob wir überhaupt „gut genug" für unser Pferd sind oder ob es bei jemand anderem besser aufgehoben wäre. Dieser eigentliche Selbstzweifel verletzt das Pferd manchmal noch zusätzlich, weil es gerade in den schweren Zeiten die absolute Verbundenheit und Liebe des Menschen braucht. Er sollte darüberstehen und verstehen, dass, ganz egal, wie krank das Pferd ist, eine Schuldsuche diesbezüglich nicht angebracht ist. Dass er, als in diesem Moment gesünderer Part der Seelenschnittmenge, den Auftrag hat, nun stark zu sein und dem Pferd zu versichern, dass alles gut so ist. Dass es krank sein darf und man versucht, ihm zu helfen, indem man seine Wünsche diesbezüglich anhört und respektiert. Indem man ihm damit den Raum, auch die Zeit und die Liebe und Geduld dafür gibt, um in seinem Tempo und in seinem Rahmen zu heilen. Oder eben nicht.

Ein Pferdekörper ist keine Maschine, die läuft, nur weil ich das richtige Öl reingekippt habe. Ich habe ihn nicht „kaputt gemacht", weil ich kein optimaler Pferdehalter war. Ein Pferd ist ein eigenständiges Wesen mit einer eigenen Geschichte, eigenen Traumata, eigenen Themen und einem ganz eigenen Seelenauftrag. Es darf seine Symptome und seinen Verlauf haben, sogar dann, wenn wir nicht gänzlich verstehen, warum.

In den Pferdegesprächen mit meinen Kunden erlebe ich oft, wie Pferde sich zu Krankheiten und Symptomen äußern. Besonders interessant finde ich dabei, dass viele Pferde beliebte Diagnosen von typischen Pferdekrankheiten als unpassend empfinden.

Pferde mit Hufrehe-Diagnose haben mit dieser oft ein Problem. Hufrehe sei keine Krankheit, sondern ein Symptom, das bekomme ich oft zu hören. Nur eins von vielen, die unsichtbar auf körperlicher und seelischer Ebene ablaufen. Eine Huflederhautentzündung ist eigentlich nie die Krankheit an sich, sondern laut der Pferde steht viel mehr dahinter. Auch die Kategorien „Futter-, Stress-, Belastungsrehe" und andere wollen nie so recht passen. Müsste ich eine gemeinsame Komponente zwischen den Hufrehe-Kandidaten herausstellen, dann wäre es wohl eine besondere Sensibilität auf seelischer Ebene.

Die Hufe eines Pferdes sind die solide und kompakte Basis ihres fließenden Körpers, sie erden und stehen fest auf dem Boden der Tatsachen, stehen beim gesunden und glücklichen Pferd dennoch fast nie still. Hufrehe hat sehr häufig etwas damit zu tun, dass das Pferd nicht mehr weitergehen kann. Aus Verweigerung auf einem falschen Weg, aus purer Erschöpfung oder aus Unwillen, weiter ins Leben zu gehen. Letzteres traf auf eine junge Stute zu, ein für mich typischer Hufrehe-Kandidat: mit dem Kopf in den Wolken, hypersensibel auf ihr gesamtes Umfeld. Dazu eine mangelnde Fähigkeit, sich im Körper zu spüren, aus gewaltsamer Vergangenheit traumatisiert. Sie zeigte mir, wie sie symbolisch stehen blieb und auf ihrem Lebensweg am liebsten wieder umgekehrt wäre, zurück dorthin, wo sie herkam. Aus Angst, ihm nicht wirklich gewachsen zu sein. In diesem Fall hatten die Themen der Stute den größeren Anteil in der Seelenschnittmenge zwischen Mensch und Pferd. Sie kam bereits krank zu ihrer Besitzerin, das Symptom Hufrehe war nur die aktuelle Entwicklungsphase. Was sie brauchte, sprach für die Bedürfnisse vieler kranker Pferde: Zeit, Geduld, Liebe, Ruhe, Mütterlichkeit von ihrem Menschen und nicht zuletzt den Raum, selbst entscheiden zu dürfen, ob und wenn ja, wie sie die nächsten Schritte auf ihrem Lebensweg gehen wird.

Eine andere Stute, die ich sprach, hatte auch Interessantes über ihren Zustand zu berichten. Ich kannte sie bereits, weil ihre Besitzerin die Pferdeflüsterer Ausbildung bei mir absolviert hatte. Die Stute war sehr klar und kam mit ihren Aussagen direkt auf den Punkt, wusste viel zu antworten und war froh, dass wir fragten. Sie ist eine Merens-Stute, die zum Zeitpunkt des Pferdegesprächs sehr schwer war. Viele Pferde sehen es anders, wenn Menschen sie als zu dick bezeichnen, dieses Pferd aber begann das Gespräch direkt damit, mir zu zeigen, wie sehr sie die Masse nervte. Dass ihr Bauch zu viel Platz einnahm und sie sich damit nicht richtig bewegen konnte. Sie wünschte sich Leichtigkeit und Unbeschwertheit auf allen Ebenen.

Auf die Frage der Besitzerin, ob sie das Raufutter der Stute rationieren müsse, hatte die Stute klare Worte: „Ich habe einen trägen Stoffwechsel und trage zu viele Giftstoffe in mir. Mein Darm ist träge und traurig davon, die Darmwand funktioniert nicht so, wie sie sollte. Ich nehme zu wenige Nährstoffe aus meiner Nahrung auf und scheide zu wenig Giftstoffe korrekt aus. Meine Leber ist überfordert und in meinen Fettzellen hängen viele verkapselte Toxine. Mein Körper ist derzeit nicht in der Lage, diese ordentlich auszuscheiden, also wäre es gefährlich, mich auf Diät zu setzen und meinen Körper damit zu zwingen, die Fettzellen abzubauen und die Toxine darin freizusetzen, das würde meinen Körper überfordern und nur noch mehr vergiften. Also versucht er, daran festzuhalten. Ich brauche immerwährenden Zugang zu gutem Heu und brauche möglichst viel frisches Futter wie Gras, Kräuter, Bäume, Obst und Gemüse. Die lebendigen Vitalstoffe darin bringen meinen Körper wieder in Schwung und helfen meinem Darm, sich wieder aufzubauen, damit ich die Nährstoffe wieder gut aufnehmen und die Giftstoffe wieder gut ausscheiden kann. Damit löst sich dann auch die Schwere und Fett kann gehen. Außerdem brauche ich viel, ganz viel Mariendistel. Die ganzen Giftstoffe stammen hauptsächlich aus gedüngten Weiden, auf denen ich fraß, und auch aus angrenzenden, überdüngten Flächen."

Die Besitzerin bestätigte, dass die Stute vor dem kürzlichen Stallwechsel auf Weideflächen stand, die in ihren Augen zu viel gedüngt wurden. Auch dass sie bereits Mariendistel füttern würde, aber nicht genug. Es war bereits ihr Gefühl, dass ihr Pferd nicht im Raufutter rationiert werden sollte. Sie berichtete, dass aber andere Menschen meinten, sie würde ihr Pferd umbringen, wenn sie es nicht täte.

Ganz besonders bei anscheinend stoffwechselbedingten, körperlichen Problemen von Pferden scheint es oft noch eine Diskrepanz zwischen der von Menschen festgelegten „Wahrheit" über solche Krankheiten und der von Pferden wahrgenommenen Definition darüber zu geben. Wann auch immer ein Pferdebesitzer eine Diagnose in dieser Richtung hört, sollte er ein Pferdegespräch suchen, weil das Pferd vielleicht noch etwas anderes dazu zu sagen hat.

Einmal sprach ich einen sehr verunsicherten, 8-jährigen Wallach, der durch ein sehr frühes Trauma und eine angeborene Hypersensibilität einige Probleme hatte, in der Menschenwelt als Pferd klarzukommen. Er gab sich die Schuld an einem damaligen Unfall und meinte, kein gutes Pferd zu sein. Sein gesamtes Dasein war geprägt von Unsicherheit, einem Gefühl von mangelndem Schutz, Reizüberflutung und Bedürfnis nach Ruhe. Ihm war alles zu viel.

Seine Menschin dachte, sie würde mit ihrer ebenfalls großen Sensibilität, die sie „Emotionalität" nannte, und ihrer eigenen Unsicherheit diesem Pferd keinen Gefallen tun. Sie glaubte, dass sie an den stolper- und scheubedingten Reitunfällen einen Anteil hätte.

Als ich in den Körper des Wallachs hineinspürte, nahm ich typische Spannungssymptome wahr: Kopfschmerzen, festgehaltener Kiefer, steifes Genick, feste Schultern und klemmige Beine, festgehaltener Bauch, muskuläre Schmerzen. Er zeigte mir, dass er beim Reiten überfordert wäre, kaum gut balancieren konnte und der Sattel ihm tief in den Rücken drückte. Dass er seinen Körper nicht entspannt halten und somit auch kaum tragen könne. Er schaute auch auf seine Vorderhufe und sagte, irgendetwas würde damit nicht stimmen, aber er wisse nicht, was. Das wäre die Meinung der Menschen. Er empfand seine Hufe als momentan zu klein.

Die Besitzerin musste lachen, als sie das hörte. Die Hufbearbeitung wurde an sein Stolpern angepasst, die Zehen deshalb gekürzt, um ihn besser abrollen zu lassen. Aber seine Hufe waren nicht das Problem. Die verspannte Körperhaltung aufgrund seines psychischen Traumas, welches er ständig in sich spürte, ließ ihn seine Schultern so festhalten, dass er nicht locker laufen konnte und somit oft stolperte.

Ein anderes Mal sprach ich mit einem 4-jährigen Pferd. Wie immer hatte ich nur ein Foto zur Kontaktaufnahme. Es war gerade neu gekauft worden und wurde zwei Mal wöchentlich schonend geritten. Er hatte Probleme mit der Anpassung in der Herde im neuen Stall.

Dieses Pferd war schwierig zu sprechen. Es ließ mich nichts fühlen, lenkte immer wieder ab, antwortete schwammig. Es vermittelte mir immer wieder, dass es selbst keine richtige Meinung hätte, dass es alles richtig machen wolle, dass es sich nicht wirklich spüren könne, dass es sehr aufgeregt sei und dass dies seine große Chance auf ein tolles Leben wäre. Es wollte sich auf keinen Fall beschweren. Ich konnte kaum einen Gedanken halten, als ich mit ihm sprach. Aber ich gab ihm Zeit. Manche Pferde brauchen etwas Smalltalk im Pferdegespräch, bevor sie auftauen. Es wurde nicht besser. Ich fragte nach, wieso es so sei. „Ich bin überfordert, mir ist alles zu viel. Ich weiß nicht, wer ich bin. Ich weiß nicht, welche Stärken ich habe, was mich ausmacht. Ich bin nicht mehr Fohlen, bin noch nicht erwachsen. Meine Persönlichkeit ist nicht vorhanden." Ich sprach es auf seine Vergangenheit an, aber da kam ein vehementer Stopp. Aus Erfahrung vermutete ich deshalb eine schwierige Vergangenheit.

Seine Menschen verrieten mir, dass sie das Pferd aus einem Reitschulbetrieb gekauft hatten, der junge Pferde kauft, sie einsetzt und dann wieder verkauft. Das Pferd war mit seinen vier Jahren bereits eineinhalb Jahre im Reitschulbetrieb gelaufen.

Wenn mich jemand fragt, welche Pferde am meisten traumatisiert sind oder welche die größten Schwierigkeiten im Leben mit Menschen haben, dann sind es aus meiner Sicht die Schulpferde. Egal, wie „pferdefreundlich", die Benutzung durch ständig wechselnde Reitschüler ist für Pferde extrem belastend. Direkt danach folgen wohl die Sportpferde aus dem Polo. Ich kann nicht genau sagen, wieso ausgerechnet Polo so schlimm für Pferde ist, aber so scheint es zu sein. Vielleicht habe ich zu wenige Rennpferde gesprochen oder andere Pferde, die schon früh extreme Leistungen bringen müssen. Aber dass gerade Schulpferde so belastet sind, ist für uns alle wichtig zu verstehen.

Ein weiteres Mal sprach ich mit einer Stute. Als ich das Foto kurz vor dem Pferdegespräch auf meinem Computer öffnete, sah ich ihr die Trauer bereits an. Dennoch ermahnte ich mich, professionell und unvoreingenommen an die Stute heranzutreten. Als ich die Besitzerin im Telefongespräch fragte, was sie von ihrem Pferd wissen möchte, war die erste Frage: „Warum ist sie so traurig, unzufrieden und unglücklich?“

Der durchschnittliche Pferdemensch hat sich abgewöhnt, zu schauen, wie es einem Pferd geht. Die wenigsten Reiter trauen sich, in den Gesichtern der Pferde zu lesen. Der Grund ist offensichtlich: Fast alle Pferde schauen gequält, schmerzerfüllt oder völlig lethargisch beim Reiten oder generell aus ihren Augen. „Das ist nur eine Momentaufnahme!“, oder, „Der guckt konzentriert!“, wird dann gern kommentiert, wenn es doch mal jemandem auffallen sollte. Wenn man Menschen ein Pferdegesicht auf einem Foto beurteilen lässt, die nie etwas mit der Reiterszene zu tun hatten, können die aber oftmals recht treffsicher ablesen, wie es diesem Pferd gerade geht. Sie haben noch einen unverfälschten Blick. So wie alle Pferde, Hunde, Katzen und viele andere Tiere, können auch wir speziesübergreifend an Mimiken anderer ihre Emotionen ablesen.

Der Grund für die Trauer dieser Stute wurde mir eindeutig von ihr vermittelt: Sie fühlte sich zurückgelassen und war darüber enttäuscht. Sie wäre eine kraftvolle, starke, schöne, stolze Stute, die einmal geglänzt habe. Im Licht der Liebe ihres Menschen, eines Mannes, war sie ganz sie selbst. Dann aber habe der Mann sie enttäuscht, sie abgegeben. Ihr Herz war gebrochen. Sie wurde geliebt und hatte diese Liebe verloren.

Tatsächlich wurde dann bestätigt, dass dieses Pferd aus Spanien stammte und dort jahrelang einem Mann gehörte, der sehr viel mit ihr unternahm und der sehr gut mit ihr zurechtkam.

Obwohl sie ein wirklich tolles, liebevolles, neues Zuhause bei einer pferdefreundlichen Frau mit eigenem Stall hatte und man sie nicht mal nötigte, etwas zu tun, was sie nicht wollte, war sie zutiefst traurig und traumatisiert. Ihr gebrochenes Herz war ganz klar in der Tiefe ihrer schönen Augen sichtbar. Sie bat um Zeit, Liebe, Geduld und Raum für ihren Schmerz.

Diese Pferdegespräche sind gute Beispiele dafür, wie vielfältig die Antworten auf die Frage nach Krankheiten, Symptomen oder Missständen sein können. Dass Traurigkeit, Depression, große Unsicherheit oder andere negative Emotionen bei Pferden wie auch bei anderen Wesen zu körperlichen Problemen und somit Krankheiten führen können, muss ich nicht mehr erwähnen. Diese Berichte sind nur Ausschnitte von längeren Gesprächen, in denen auch noch andere Aspekte dieser Pferdeleben besprochen wurden, die sicherlich auch in ihren Zustand hineinspielten. Dennoch möchte ich damit zeigen, dass die Lösung für kranke Pferde nicht einfach nur eine aus Menschenwissen geschlussfolgerte Behandlungsmethode sein sollte. Es ist wichtig, dem Pferd den Raum zu geben, sich äußern zu dürfen. Es ist wichtig, es seine Ideen oder auch seine Ratlosigkeit zum Thema ausdrücken zu lassen. Am wichtigsten ist es, in Absprache mit dem Pferd zu besprechen, wie es mit der Situation umgehen möchte und welche Wünsche es für sein weiteres Leben oder für seine Behandlung hat. Es sollte weniger darum gehen, ein Pferd gesund zu machen, damit sich der Mensch nicht mehr sorgen muss und damit das Pferd wieder benutzbar wird. Es geht darum, den dahinter liegenden Lernauftrag und den vielleicht auch schmerzhaften Prozess gemeinsam zu meistern, um gemeinsam zu wachsen. Es hat seinen Sinn, dass dieses Pferd diese Krankheit oder diese Symptome oder diese Emotionen zeigt, und es hat seinen Sinn, dass dieser Mensch ihm damit beisteht. Für beide Leben hält so eine Situation viele Lektionen bereit.

Pferde, denen es nicht gut geht, sagen oft: „Gib mir Zeit. Halte aus, dass es jetzt nun mal so ist. Akzeptiere es. Wehre dich nicht länger gegen den schwer erträglichen Moment. Spüre ihn in seiner Tiefe. Sei traurig, sei ratlos, sei einfach. Gestehe mir zu, dass ich heute keinen

Schritt in Richtung meiner Heilung mache. Gestehe mir und meinem Körper zu, dass ich mein Leben in meinem Tempo lebe, mit meinen Lernaufgaben, mit meinen Themen. Schenke mir deine Liebe. Sei einfach für mich da. Das reicht."

Was sie damit meinen, das formuliere ich gern so, dass man ihnen Raum geben sollte. Raum zu sein, Raum zu heilen und Raum, um sich selbst spüren zu können. Wer immer unter Beobachtung steht und beim leisesten Hüsteln oder weil er sich mal vertreten hat, quasi mit einem Bein in der Klinik steht, weil sein Bevollmächtigter es so will, der hat wenig Raum, um sich zu spüren und um zu heilen. Wer schon lange vor seiner eigenen Reife gelernt hat, zu funktionieren und benutzt zu werden, hat es besonders schwer, den Raum dafür zu finden, zu sein, wer man ist. Und wer so sensibel ist, dass er alle Schwingungen, Stimmungen und Energien in einer menschengemachten Pferdewelt überdeutlich wahrnimmt und dann nicht weiß, wohin damit, als sie im eigenen Körper zu verstauen, der braucht einen geschützten Raum, in dem er loslassen darf.

Unseren Pferden diesen Raum zu schenken, das ist unsere wichtigste Aufgabe als ihre Menschen. Denn auch wenn wir sie endlich als fühlende, denkende Wesen auf Augenhöhe wahrnehmen, so sind wir am Ende diejenigen, die über ihre Leben und deren Umstände bestimmen. Ihnen Platz zu machen und Raum zu geben und mit dem Frieden zu schließen, was sich dann zeigt, das ist der Schlüssel zum gemeinsamen Glück und zur tiefsten Verbindung, die Menschen und Pferde gleichermaßen wachsen lässt. Denn erst dann spüren wir, wie sehr unsere Pferde auch unsere Leben mitbestimmen.

DER UMZUG

Knapp zwei Wochen nach dem Ende der Pferdeflüsterer Ausbildung 2021 und damit nach auch dem Ende von Mounas schwerer Krankheit und dem glücklichen Abschluss von 32 neuen Tierkommunikatorinnen führe ich eine schamanische Reise für mich selbst durch. Erste Tätigkeiten zum Einleiten unserer Auswanderung sind bereits in Gange, aber generell weiß ich noch nicht, wie wir das alles schaffen sollen. Der Pferdetransport sieht zu diesem Zeitpunkt völlig unmöglich aus. Kein Unternehmen möchte uns zusagen, wegen der Virusproblematiken ist internationaler Pferdetransport nur eingeschränkt möglich. Ich hoffe auf Antworten von meinem Krafttier.

Die schamanische Reise ist wie eine Fantasiereise, die man sich vorstellt. Ich beginne die Reise gedanklich an meinem Kraftort auf unserem Hof, zwischen den Zwillingseichen neben der Wiese. Ich sitze drinnen auf dem Sofa und trommle dabei einen stetigen Rhythmus für mich selbst. Dann schließe ich die Augen und stelle mir vor, ich würde zwischen den Bäumen stehen und dann langsam im Boden versinken. Dort werde ich, körperlos, von der Erde aufgenommen. Ich gehe immer tiefer und tiefer in die Erde, reise hinunter. In die untere Welt, in die Welt der Krafttiere. Irgendwann komme ich in einer Höhle an, die ich bereits kenne. Von hier aus beginnen meine schamanischen Reisen oft. Ich tauche aus einem Wasserloch auf und schaue direkt auf meinen Büffel, der, in der Höhle stehend, auf mich wartet. Ich freue mich, ihn zu sehen. Er bedeutet mir, aufzusteigen, und ich gehorche.

Mein Büffel und ich galoppieren aus dem Höhleneingang in höchstem Tempo ins Tal. Es ist kalt, Schnee liegt. Milan taucht galoppierend neben uns auf. „Du weißt doch, ich bin hier für Schnelligkeit zuständig und helfe dir, alles umzusetzen." Ich wechsle im Galopp von meinem Büffel auf Milan links neben uns. Wir reiten schnell, frei, selbstverständlich. Makani kommt auch dazu: „Ich mache mit! Ich gehöre immer dazu, ich bin doch dein Lichtpferd!" Er hat Spaß und galoppiert links neben uns, Milan mittig mit mir vorweg, der Büffel rechts von uns. Es wird wärmer, die Wege sandiger, die Pflanzen grüner. Wir galoppieren auf einer Sandstraße in Costa Rica. Ich frage: „Sind wir denn schon da?", und Milan: „Ja, du wolltest doch her. Siehst du, so einfach geht das." Ich: „Und wo ist Mouna, wo sind die anderen?", und er: „Die kommen noch, wir sind die männliche, starke Vorhut." Dann sind wir am Strand. Ich bin verwirrt, was es hier auf dieser Reise zu tun oder zu verstehen gibt. Ich wollte doch wichtige Botschaften empfangen, um die Auswanderung besser umsetzen zu können. Aber einfach hier am Strand zu galoppieren, das macht mich auch nicht schlauer. Mein Büffel sagt, er machte das schon und ich solle zu trommeln aufhören. Er geht ins Meer, ich soll ihm folgen. Wir kommen alle mit. Er taucht ab, wir hinterher. Ich sitze noch auf Milan, er will es so. Er wird mir helfen. Wir tauchen tiefer, es wird dunkler. Dunkel ist gut, denke ich. Da liegen die Geheimnisse. Irgendetwas habe ich noch nicht verstanden. Dann wird es aber heller, wie ein goldener Schein. Ja, es ist Gold und glitzert am Boden des Meeres. Wir kommen zu einer goldenen Stadt. Ich erinnere mich. Da war doch was, ich habe sie schon in einer vorherigen Reise gesehen. Wir kommen zum Eingangstor, einem riesigen, goldenen Torbogen. Wir gehen alle hindurch in die Stadt. Wir schreiten durch die Straßen, alles ist leer. Wir wollen zur Mitte, zum Marktplatz. Mittig davon ist eine goldene Fontäne. Wir sind da. Mein Büffel sagt: „Das ist die Quelle deiner Kraft. Sieh dich um, hier ist alles aus Gold. Du bist die Fülle. Du kreierst alles, was du möchtest." Auf einmal erscheinen auf dem Marktplatz alle meine Krafttiere, auch die vergangenen. Der Elefant mit der Frau im goldgelben Kleid, der Löwe, sogar die Giraffe. Der Jaguar. Der Tiger. Der Delfin. Auch Mouna steht dort. Die Konik-Stute aus dem Wildpark. Sie schauen mich schweigend an.

Die Fontäne wandelt sich langsam in einen Strudel, der sich immer schneller dreht und uns dann alle mitreißt. Wir kreisen immer enger, bis wir vom goldenen Wasser verschluckt werden. Es ist wie ein Plopp, dann bin ich auf einmal allein. Ich treibe schwerelos in dunklem, lauwarmem Wasser. Alles im Außen ist nun in mir und alles in mir geht ins Außen. Ich kreiere, ja, das weiß ich doch. Ist mein Wunsch nicht klar? Mit den Pferden, den Hunden und meinem Freund dort drüben ankommen. Und zwar bitte bald. Die Pferde sollen einen guten, schnellen, einfachen Transport erleben und wir möchten zu Hause, bei unserem Grundstück, sein. Das Geld soll fließen usw.

„Nimm den Auftrag an. Dreifaltigkeit.", sagt mein Büffel dann immer wieder zu mir und zeigt mir auch die Feuerstelle in der weißen Wüste, die ich auch aus anderen Reisen kenne. Milan, Makani und er stehen im Dreieck darum verteilt. Auch hier beginnt das Feuer, sich in einen Strudel zu verwandeln, der uns mitnimmt. Die Kraft der Drei. Dreifaltigkeit. Ich weiß, dass sie wichtig ist.

Ich schlage nach, was das heißen soll. Dreifaltigkeit ist mir zwar ein bekannter Begriff, seine Bedeutung allerdings kenne ich nicht. Man nennt sie auch Trinität. Die Wesenheit Gottes in drei Personen: Vater (das Sein), Sohn (das Leben), Heiliger Geist (das Verstehen). Ich muss weinen: Milan, Makani, mein Büffel.

Der Büffel sagt, mehr müsste ich nicht verstehen. Sie würden sich darum kümmern. Mein Bild wäre klar genug. Noch vor dem Kälteeinbruch wären wir auf dem Weg nach Costa Rica. Es wäre alles bereits in Arbeit.

Das 13. Pferdetransportunternehmen sagt mir zu. Es geschieht sogar ein kleines Wunder, welches ich mir so gewünscht hatte: Meine Pferde müssen nicht wochen- oder monatelang getrennt voneinander in Quarantäne auf Zwischenstation in Miami, Florida, USA. Das war eigentlich die absolute Voraussetzung für den Transport gewesen, wenn es überhaupt Flüge gab. Aber dieses Unternehmen kennt einen anderen Weg. Der Termin steht schnell und wir bezahlen knapp €40.000,– für die Planung, dass die drei zusammen in einem Container von Holland nach Costa Rica geflogen werden und dort in dreiwöchiger Quarantäne in der Hauptstadt stehen dürfen, ehe wir zu unserem neuen Zuhause an den Strand fahren würden. Mit der Festlegung dieses Termins ist unsere Auswanderung sicher. Es muss noch unser Pitbull-Mix Happy für weitere €8.000,– als Fracht gebucht werden, denn er darf rassebedingt nicht im Gepäckraum einer Passagiermaschine fliegen. Für uns Menschen und die kleine Hündin Cookie buchte ich Lufthansa-Direktflüge. In Rekordzeit kündige ich die Miete des Hofes, verkaufe viele unserer Sachen und kündige alles, was geht. Als wir im Amt sitzen und unsere Abmeldung fix ist, auch die meines Gewerbes, beginnt die Freude. Wir machen es wirklich! Am Ende wird es knapp und wir werfen das Volumen von sechs Pferdeanhängern auf den Müll. Unseren gemieteten Hof geben wir weiter. Als die Pferde abreisen, haben sie jeder nur einen Beutel mit weniger als 20 kg Zeug und ein Heunetz dabei. Wir Menschen haben jeder zwei Koffer. Alles andere bleibt zurück. Ziemlich genau sechs Wochen nach Ende der Pferdeflüsterer Ausbildung kehren wir alle Deutschland den Rücken.

Während dieser Zeit funktioniere ich nur noch. Mit letzter Kraft stemme ich den Aufwand, uns alle wegzubekommen. Es läuft fast automatisch, dass ich alles organisiere und für uns alle durchziehe. Nur die Reise der Pferde macht mich mehr als nervös. Ich kann mir kaum vorstellen, wie es gehen soll, dass sie heil in Costa Rica ankommen. Mit Makani habe ich natürlich längst mit dem extra dafür gekauften Hänger geübt, verladen zu werden, und er macht es recht gut. Aber wenn sich das Teil in Bewegung setzt, wird er panisch. Mouna hasst es sowieso, transportiert zu werden, und hat dann große Angst, gegen Training ist sie resistent. Und Milan ist zwar Verlade-Profi, aber seit Jahren weigert er sich, einen Transporter oder Anhänger zu betreten. Einfach, weil er es nicht mehr will und auch nicht muss.

Aber nun müssen sie. Ich bete, dass es klappt, und versuche mit aller Kraft, mir vorzustellen, wie sie es überstehen, in die Niederlande gefahren zu werden, dort zwei Nächte in Boxen zu verbringen, dann nach Luxemburg zu fahren und dort dann in den Container zu steigen und womöglich zwischendurch an irgendwelchen Flughäfen umgelagert zu werden. Vielleicht müssen sie öfters ein- und aussteigen oder geführt werden oder über Nacht irgendwo bleiben. Mir wird übel, wenn ich daran denke und merke, dass ich überfordert damit bin, sie ruhig und souverän darauf vorzubereiten. Ich erinnere mich immer wieder an die schamanische Reise und versuche, darauf zu vertrauen, was Milan und mein Büffel gesagt haben. Sie würden es schon machen. Ich kann mit ihnen nicht darüber reden, weil ich befürchte, dabei in Panik abzudriften.

Als der Tag kommt, an dem die Pferde abgeholt werden, nehme ich allen Mut zusammen und erkläre Milan im Monolog, was passieren wird. Ich höre extra nicht hin, weil ich nicht kann. Ich schaffe nur den Monolog. Sie haben dennoch mitbekommen, dass es so weit ist. Ohne dass ich sie bewusst darauf vorbereitet hätte, wissen alle drei Pferde, was passiert und wann. Das weiß ich wiederum.

„Milan, heute geht es los. In vier Stunden kommt ein Transporter, in den ihr alle drei einsteigt. Dann fährt dieser Transporter circa fünf Stunden mit euch nach Jistrum, dort ist schon alles für euch vorbereitet: drei Boxen und etwas Auslauf. Bitte sei nett zu den Menschen. Ihr werdet die gesamte Reise über zusammenbleiben. Vielleicht muss mal einer von den anderen weggeführt werden, aber vermutlich nicht mal aus Sichtweite und es wird, versprochen, alles immer nur für euch alle drei zusammen gemacht. Du brauchst dir also keine Sorgen zu machen und kannst beruhigt sein, dass deine Familie jederzeit wohlauf und im Blick ist.

Dort bleibt ihr zwei Nächte, dann geht es weiter im Transporter nach Luxemburg. Es ist wichtig, dass ihr immer gut einsteigt. Falls du mal vorgehen musst, dann sei bitte tapfer. Ich weiß, dass du generell nichts mehr machen musst, was du nicht willst. Ich weiß aber auch, dass du willst, dass wir alle zusammen gut ankommen im neuen Zuhause. Deshalb ist es wichtig, dass du hier und da vorangehst und dich nicht verweigerst. Die Menschen sind dazu da, unter meinem Auftrag auszuführen. Sie sind also meine Helfer und brauchen von dir, dass du mitgehst. Du kannst das alles, du bist hier das große Vorbild für uns alle. Du gehst voran, Hänger und Transporter sind für dich kein Thema. Bitte sei stark und versuche, die nächsten Wochen für uns und für mich die Transporte artig mitzumachen. Weil es in deinem Sinne ist, dass alle gut ankommen. Je mehr du dich gegen den menschlichen Willen stellst, umso schwieriger, aufreibender und stressiger wird es, ganz besonders auch für deine Frau und deinen Sohn. Bitte kooperiere.

Ihr werdet dann also in einen Container geladen, der sehr klein ist. Alle drei nebeneinander. Bitte zeig den anderen, dass sie sich vor Enge nicht fürchten müssen. Mit diesem Container werdet ihr in ein Flugzeug verladen, das nach Mexiko fliegt, dann wieder raus, dann in ein anderes Flugzeug. Bis nach Costa Rica. Dort müsst ihr wieder in einen Hänger steigen. Die Menschen dort sind heißblütiger, ungeduldiger und weniger pferdefreundlich. Ganz besonders dort, wo es warm ist, müsstet ihr bitte brav sein. Ihr kommt in einem schönen Stall an, dort treffen wir uns wieder. Bitte, Milan: Mach, was man dir sagt. Es ist wichtig, damit wir alle gut ankommen."

Als der LKW offen auf dem Hof steht und wir die Pferde auf den Vorplatz führen, zögert Milan nicht. Wie vergessen sind die unzähligen vorherigen Versuche, ihn in einen Anhänger zu bekommen, in dem er eine Solebehandlung hätte genießen dürfen, die er unnötig fand. Nichts ist mehr zu sehen von dem Widerstand, sich zu Übungszwecken wenigstens noch einmal vorher verladen zu lassen. Es war nichts zu machen, Milan stieg nicht mehr ein. Aber heute, wo es darauf ankommt, steigt er wie selbstverständlich ein. Zögert nicht, ist unbeirrt. Er weiß, dass es losgeht. Ich hatte es gehofft, aber wie unbeeindruckt er nun ausführt, was nötig ist, beeindruckt mich. Makani schafft es gut die Rampe hoch, das Training hat sich gelohnt. Als er dann aber, quer zur Fahrtrichtung, in sein enges Abteil eingesperrt wird und nur noch Stahlwände sieht, wird er nervös. Mouna hat, wie immer, ziemliche Angst und zittert, als wir sie die Rampe hochbegleiten. Ich schiebe sie von hinten, das hilft ihr immer am besten, und halte ihren Po. Sie braucht einen Moment, aber für ihre Verhältnisse schafft sie es in Rekordzeit. Sie trägt gepolsterte Hufschuhe zur Unterstützung, um ihr das Stehen mit den gerade erst heilen Hufen leichter zu machen. Makani beginnt mittlerweile zu steigen und streckt ein Vorderbein über die Absperrung. Ich springe dort hoch, drücke sein Bein zurück und beschwöre ihn, ruhig zu bleiben. Als alle drei Pferde verladen sind und der Transporter vom Hof fährt, breche ich weinend zusammen. Meine Pferde und ich sind ab diesem Moment eine Woche lang voneinander getrennt und ich habe nun jegliche Kontrolle darüber verloren, was bis dahin mit ihnen passiert. Es ist entsetzlich schwer, das auszuhalten.

Zum Glück habe ich aber genug zu tun. Es bleibt keine Zeit, um Gedanken zuzulassen, die mich fragen könnten, ob ich eigentlich von allen guten Geistern verlassen bin. Als wir mit Cookie im Flieger sitzen, sind meine Pferde schon um die halbe Welt geflogen. Die mir bekannte Route wird noch variiert. Ich kann bis heute nicht genau sagen, wo sie überall waren. Ich bekomme unterwegs Meldung von der netten Frau des Transportunternehmers, sie würden sich vorzüglich betragen und anstandslos in alles ein- und aussteigen. Ich bekomme auch Fotos geschickt. Aus der Box in den Niederlanden, vom Container, wie er mittels Förderband aus einem Fluzeug geladen wird und alle drei Pferdeköpfe hoch über dem Boden über den Flughafen schauen. Es sind surreale Bilder meiner drei „Hinterhof-Ponys", die so wild und frei wie irgend möglich mit mir gelebt haben. Ich bekomme auch Fotos, wie sie von drei Menschen am Flughafen geführt werden. Es soll in Panamá sein, aber später entdecke ich ein Zeichen vom mexikanischen Flughafen im Hintergrund. Am Ende landen sie gut in San José, Costa Rica, und werden problemlos zum Quarantänestall gefahren. Am selben Tag kommen wir auch dort an, abends sehe ich sie endlich wieder. Wir haben uns eine Unterkunft auf dem Hof mieten können, in der wir mit unserem wenigen Gepäck und Cookie die ersten Tage verbringen. Als ich meine Pferde das erste Mal wiedersehe, wirken sie recht gebeutelt. Als stünden sie unter leichtem Schock. Sie stehen zu dritt nebeneinander in Außenboxen mit Blick auf eine Wiese. Sie haben Rundumblick, können sich aber nicht berühren. Ich verbringe eine Stunde mit ihnen, sie dürfen vorab die Boxen nicht verlassen. Ihr fremdes Kraftfutter, welches großen Hundetrockenfutterpellets ähnelt, rühren sie nicht an. Aber dass ich da bin, entspannt sie alle drei sichtlich. Als ich später nach dem Einkaufen noch Möhren, Haferflocken und Äpfel bringe, sind sie schon etwas besser angekommen. Wir haben es geschafft, tatsächlich geschafft. Als unser Hund Happy, der als Frachtstück fliegen musste, dann schließlich auch noch ankommt, sind wir wieder komplett. Happy hat die Reise anscheinend am wenigsten von uns allen ausgemacht. Schon kurz nachdem wir ihn abholen konnten, ist er gelassen und wie immer. Er berichtet mir, er habe geschlafen in seiner großen Box und die Tage Ferien, die er vorher bei Francesca und ihrer Hündin Heidi hatte, hat er genossen.

Die Pferde dürfen eigentlich nicht heraus, da sie in Quarantäne stehen. Ich frage nett nach, ob und wie ich sie aus der Box nehmen darf. Dem Stallbetreiber ist es ziemlich egal. Ich könne sie schon zum Grasen herausholen und auch zusammen in die Halle lassen. So mache ich es also täglich. Die Amtstierärztin kommt ein paarmal vorbei. Wir bleiben fast drei Wochen alle dort, ehe es dann zu unserem neuen Zuhause zum Strand hinuntergeht. Es ist gut, dass wir vorab in der Hauptstadt sind, denn dort ist das Klima noch etwas kühler als am tropischen Strand. So ist der Temperaturanstieg aus Norddeutschland Ende November bis zur Pazifikküste in Costa Rica nicht so hart. Alle drei haben auch schon ihr Winterfell entwickelt. Sie waren rund um die Uhr eingedeckt, dennoch sind sie recht plüschig.

Milan berichtet mir, dass der Transport insgesamt gut verlaufen ist. Dass sie es laut fanden im Flieger und dass er alles getan habe, um die beiden scheueren Familienmitglieder zu beruhigen. Milan war erfahrener in Transporten und generell resistenter gegenüber Menschenhandlungen, als meine beiden Konik-Mix-Ponys. Mehr möchte er darüber nicht sagen. Es sei vorbei und gut gegangen, das wäre das Wichtigste. Als es zum Strand hinuntergeht, bin ich beim Verladen nicht dabei, auf Milans Wunsch. Auch dieser Transporteur berichtet davon, dass sie problemlos einstiegen. Beim Entgegennehmen meiner Pferde auf unserem Grundstück wirken sie nicht sonderlich gestresst von der fünfstündigen Fahrt im halboffenen Anhänger über teilweise löchrige Sandstraßen. Sie freuen sich über ihr neues Zuhause und fressen ihr Heu gern.

Viele Menschen fragen mich, wie ich mit meinen Pferden kommuniziert habe, als sie unterwegs waren. Meine Antwort ist dann: „Gar nicht." Ich konnte es nicht. Die Herausforderung, sie für so eine absurde Tätigkeit wie einen Flug um die halbe Welt aus der Hand zu geben und darauf zu vertrauen, dass mein und unser energetisches Schutzfeld stark genug ist, damit alles gut geht, das war für mich eine so riesig große Aufgabe, dass ich wirklich gänzlich loslassen musste, um es überhaupt zu schaffen. Hätte ich mich mit ihnen derweil verbunden, wären die Informationen über den derzeitigen Moment durcheinander und mit meinen eigenen Ängsten so eng vermischt gewesen, dass ich keine sinnvolle Kommunikation geschafft hätte. Es hätte meinen Pferden auch nicht geholfen, meine Angst kommuniziert zu bekommen. Ich hätte auch nichts ändern können, wenn ich etwas Bedenkliches verstanden hätte. Sie mussten da einfach durch und ich musste einfach darauf vertrauen, dass Milan auf alle aufpassen würde. Und das hat er.

Als ich das hier jetzt gerade aufschreibe, lebt Milan schon nicht mehr. Zu Lebzeiten waren seine übermäßige Präsenz, seine Kraft und sein Schutz irgendwie selbstverständlich, wie ein Duft oder ein Klang, der allgegenwärtig für uns alle war. Jetzt, wo er nicht mehr lebt, beeindruckt es mich umso mehr, wie hochenergetisch Milan für uns alle gesorgt hat. Dass mein altes Pferd es tatsächlich schaffen würde, mir Verantwortung aus der Hand zu nehmen für so etwas Unnatürliches wie einen Umzug über Kontinente in Flugzeugen und Autos, das hätte ich mir niemals erträumt. Was für ein großes Wesen. Wie viel höher seine Macht war, als jeder Mensch es ihm als Pferd zugetraut hätte. Es macht mich demütig. Wie sehr uns unsere Pferde helfen, wie sehr sie ihre Hufe im Spiel haben, wenn wir unseren Lebensweg gehen, es ist kaum in Worte zu fassen. Es war wirklich Milan, der uns herübergebracht hat. So wie er es in der schamanischen Reise angekündigt hatte.

STERBEN KÖNNEN

Als Zootierpflegerin hatte ich die Revierleitung über viele verschiedene Tiergehege. Darunter waren auch die Koniks, eine wildpferdnahe Pferderasse aus Polen. Ich war dabei, als diese Tiere neu in den Park aufgenommen wurden. Es waren ein Hengst und eine Stute. Sie waren scheu und hatten vorher wild gelebt, ohne Kontakt zu Menschen. Ich durfte mich vermehrt darum kümmern, dass die beiden händelbar wurden, also dass man sie anbinden und untersuchen konnte, auch um ihnen die Hufe zu bearbeiten. Ich machte gute Fortschritte, besonders mit der Stute. Beide waren sehr liebe Tiere, der Hengst ein sehr ruhiges Pferd mit viel Zurückhaltung. Als sie das erste Fohlen bekamen, war es meine Aufgabe, dieses Fohlen darauf vorzubereiten, dass es später gut verkauft werden könnte.

Mein Mitarbeiter Werner warnte mich noch davor, mich zu sehr mit den Pferden zu beschäftigen und mein Herz in sie zu geben. Er sagte mir, dass ich das irgendwann bereuen würde. Er arbeitete zu dem Zeitpunkt schon sehr lange in dem Wildpark. Er sollte recht behalten.

Das erste Fohlen war unglaublich süß und lieb. Es war eine kleine Stute, die auch sehr verspielt, fröhlich und menschenfreundlich war. Es war überhaupt kein Problem, sie an alles zu gewöhnen, was sie später brauchen würde. Besonders gut erinnere ich mich an ein Erlebnis mit ihr, welches ihr Wesen zeigte. Wir mussten einen Teil des Zaunes ersetzen und eine Kollegin und ich hatten dafür einiges an Material mit in das Konik-Gehege gebracht. Darunter auch eine große Drahtrolle, die im Gras lag. Nach einiger Zeit waren wir schon weit gekommen mit unserem Zaun und die Rolle lag um die 100 Meter weit von uns weg. Ich wollte sie holen gehen, und als ich aufstand, sah ich, dass das Stütchen auf der Seite lag, alle vier Beine steckten in der Drahtrolle, sie war völlig verheddert. Aber anstatt Panik zu bekommen, war sie einfach liegen geblieben. Sie schaute mich fröhlich und völlig ruhig an, als ich zu ihr gelaufen kam. Ich durfte sie umstandslos befreien und sie stand ganz in Ruhe auf, als ich damit fertig war. Zum Glück hatte sie sich nicht verletzt. Sie hatte einfach darauf gewartet, dass ich sie befreien würde. Ich weiß nicht, wie lange sie da lag, aber ich werde nie vergessen, wie viel Vertrauen sie darin hatte, dass man ihr helfen würde. Dass ich ihr helfen würde.

Als diese Stute dann fast ein Jahr alt war, begann ich, ihr ein gutes Zuhause zu suchen. So war es mit der Parkleitung abgesprochen. Nach einiger Bemühung fand ich jemanden, und es war sogar schon abgemacht, wann sie geholt werden würde. Als ich alles abschließend im Büro besprechen wollte, teilte mir unser Chef mit, dass er es sich anders überlegt habe. Man würde das Pferd im Park behalten und mit ihr und dem nachfolgenden Fohlen Ponyreiten anbieten. Eine Freundin seiner Frau würde die Stute und ihre Schwester, die bald kam, dann weiter trainieren, um die Sache als Attraktion für Parkbesucher anzubieten. Noch heute schäme ich mich dafür, dass ich vor diesem Mann anfing, zu weinen. Ich war so enttäuscht und wütend darüber.

Auch das zweite Fohlen sollte ich so behandeln, dass es dann weiter als Reitpony für Besucher ausgebildet werden könnte. Es dauerte ab diesem Zeitpunkt aber nicht mehr lange, bis ich dann kündigte. Nachdem ich weg war, lebten die beiden Nachkommen der

Konik-Stute nicht mehr lange. Sie wurden getötet, weil man Verdacht auf eine Krankheit hatte, der sich aber als unwahr herausstellte. Bevor das geschah, bot ich an, das erste Stutfohlen zu kaufen. Da arbeitete ich schon nicht mehr in dem Park. Man ließ mich eine Zeit lang in dem Glauben, das könnte etwas werden, dann wurde mir abgesagt. Diese erneute Enttäuschung und die Nachricht über den Tod der beiden trafen mich tief ins Herz. Ich fühlte mich verantwortlich für diese Schicksale.

Einige Monate später war ich als Besucherin in diesem Wildpark. Ich kam zu dem Konik-Gehege und rief. So wie früher kamen die Mutterstute und der Hengst zu mir galoppiert. Sie freuten sich, mich zu sehen, und ich mich ebenso. Die Stute war wieder tragend, das konnte ich sehen. Zu diesem Zeitpunkt war auch eine Tierpflegerin im Gehege und säuberte dort, als ich sah, dass die Stute anscheinend Durchfall hatte. Ich gab der Frau Bescheid und erwähnte, dass das Pferd sofort einen Tierarzt bräuchte. Als ich am Zaun stand, entschuldigte ich mich bei der Stute und bat sie um Vergebung. Ich konnte zu diesem Zeitpunkt schon gut mit Tieren sprechen, aber ich war aufgrund meiner emotionalen Verstrickung nicht in der Lage, zu hören, was sie sagte. Ich konnte spüren, dass sie mir nicht böse war und mich nicht in die Schuld nahm.

Zwei Tage später starb die Stute. Wenn im Wildpark ein Tier stirbt, ohne dass die Ursache direkt erkenntlich ist, wird der Körper untersucht, um Seuchen ausschließen zu können. Es kam heraus, dass die Stute sich an Eicheln überfressen hatte. Am Rande des Zaunes zu ihrem Gehege standen viele große Eichen, die jeden Herbst ihre Eicheln auf die Wiese warfen. Nie hatten die Koniks damit Probleme. Sie fraßen davon immer nur so viele, dass es ihnen bekam.

Dass die Stute so kurz nach meinem Besuch verstorben war, kam mir komisch vor. Ich fragte sie im Nachhinein, was los war. Sie sagte mir, dass sie sich absichtlich vergiftet hatte, um sich umzubringen.

Sie wollte kein weiteres Fohlen bekommen, welches dann wieder umgebracht werden würde. Sie hatte damit aber auf mich gewartet. Sie wusste, dass ich kommen würde, um mich zu entschuldigen, und sie wollte die Gelegenheit nutzen, um sich zu verabschieden.

Ich konnte ihre Aussage erst kaum glauben, aber sie war sehr deutlich damit, und selbst wenn ich sie heute aufschreibe, spüre ich den Nachdruck und die Richtigkeit dahinter noch deutlich. Ich fragte sogar noch eine unvoreingenommene Kollegin, die auch mit der Stute sprach und mir diese Aussagen bestätigte.

Der liebe Hengst starb nicht lang danach. Er vegetierte noch eine Zeit lang allein im Park vor sich hin, bevor er auch ging. Ich erinnere nicht mehr, ob er von selbst starb oder umgebracht wurde.

Jahre später standen auch meine Pferde auf einem Grundstück, welches viele Eichen am Zaun stehen hatte. Sehr viele Eicheln fielen auf den Paddock. Besonders Mouna fraß einige davon. Jedes Jahr hatte ich Angst, sie könne sich da verschätzen und sich vergiften. Jedes Jahr stellte sie völlig unaufgeregt klar, dass meine Bedenken wirklich übertrieben und völlig unbegründet wären. Sie wisse selbst, wie viele sie davon fressen könne, sodass es ihr guttun würde. Denn Eicheln sind auch gesund, wenn Pferde sie in Maßen fressen. Alle drei meiner Pferde fraßen sie und hatten dadurch nie Probleme.

Es ist nicht unüblich und auch nicht selten, dass Pferde und andere Tiere den Tod selbst wählen. Viele Koliken und Vergiftungen haben bei Pferden damit zu tun. Andere Tiere wählen auch Unfälle als Mittel zum Zweck. Natürlich sind nicht alle Koliken, Vergiftungen und Unfälle gleich Suizide, aber es gibt diese Fälle und ich habe sie schon häufiger mitbekommen.

Sogar im Fall eines Unfalls ist es möglich, dass das betroffene Tier diesen zwar nicht bewusst gewählt hat, ihn aber dennoch als sinnvoll oder passend empfindet, wenn es verstorben ist. Dazu fällt mir das Gespräch mit einem verstorbenen Kater ein, welches ich mit meinen

Schülerinnen im Rahmen der Ausbildung in professioneller Tierkommunikation führte. Der Kater war nur ein Jahr alt geworden, und als ich ihn sprach, war er schon einige Jahre tot. Als ich ihn ansprach, war er lustig gestimmt. Er berichtete mir, dass er eine junge Seele sei und so eine Art „Lebens-Hopping" machen würde. Also dass er schon viele, kurze Leben gelebt hatte. Einige als Katze, aber auch als Kaninchen oder als ein anderes Tier. Ich fand das sehr kurios, aber er versicherte mir, dass es Sinn ergeben würde. Er würde immer wieder kurze Stipp-Visiten ins Leben machen, um sich darin auszuprobieren. Meistens endeten diese dann abrupt, weil dies zu seinen Lernprozessen passte. Er fand das fast amüsant und wirkte sehr erfrischend damit. Sein Bedürfnis war es nicht, ein langes, bedeutungsschwangeres, erfülltes Leben zu leben, sondern die unbedarften, frischen Erfahrungen eines jungen Wesens mitzunehmen. Er berichtete, dass auch das Ende des Lebens als jener Kater irgendwie zufällig aus Naivität passierte. Seine Besitzerin bestätigte das. Der kleine Kater hatte sich auf Erkundungstour im Keller des Hauses aus Versehen selbst in einen alten Kühlschrank eingesperrt, in dem er dann erstickt war. So grausam und traurig dieser frühe Tod für uns scheint, so leicht nahm er den weiteren „Hopp" seiner jungen Seele. Er konnte nichts Schlechtes daran finden, nur die fantastischen Aspekte des jungen Lebens mitzunehmen. Er hat mir damit geholfen, zu verstehen, dass jedes Leben seinen Sinn hat. Ganz egal, wie kurz oder kurios es erscheint. Tatsächlich ergibt das großen Sinn, denn die Idee von langem, erfülltem Leben ist ja recht speziesabhängig. Für uns Menschen scheint es sinnvoll. Wir haben eine vergleichsweise lange Lebensspanne und brauchen sehr viel Zeit, um unseren seltenen Nachwuchs großzuziehen. Für Tiere, die sehr viele Nachkommen bekommen, von denen die meisten in den ersten Tagen schon sterben, ist die Sicht darauf eine ganz andere.

Es muss nicht gleich eine drastische Maßnahme sein, um das eigene Leben zu beenden. Manche wählen im Alter auch einfach einen Zeitpunkt, an dem sie entscheiden, dass es nun nicht mehr weitergehen muss. Sie sterben dann an Altersschwäche oder an Organversagen oder an einer Krankheit, die plötzlich überhandnimmt. Und doch ist der Tod dann die eigene Wahl. Die Selbstbestimmung über den Körper, ob und wie er funktioniert, ist bei Tieren und auch bei Menschen größer, als viele von uns sich vorstellen können. Es ist durchaus möglich, den eigenen Körper zu verlassen und den eigenen Tod herbeizuführen. Es passiert sicher nicht mal eben so nebenbei. Im Alter wird dieses Vorhaben leichter zu beeinflussen. Auf jeden Fall ist die Idee des Schicksalhaften in Bezug auf den Tod nicht immer richtig. Manchmal soll es so sein, dass der Tod passiert, weil ein Wesen es für sich so entschieden hat.

Es gab ein Pony, welches ich schon in meinem zweiten Buch „Gespräche mit deinem Pferd" als Randnotiz erwähnte. Es war eine Stute, die mit ihrer Menschin gemeinsam aufgewachsen war und die, als die Frau erwachsen war und die mütterliche Stute somit ihre Aufgabe erfüllt hatte, im Alter starb. Die beiden waren sich sehr nahe und in unserem ersten Gespräch verriet mir das Pony, dass seine Menschin schwanger sei, denn das hatte sie ihr auf einem Spaziergang erzählt. Die Stute starb an einer unvorhergesehenen, plötzlichen, fatalen Kolik, deren gesamter Prozess genau an dem einen Wochenende passierte, an dem sich die Frau einmal Urlaub nahm, um etwas zu entspannen. Diese sagte mir im Pferdegespräch mit ihrer Stute danach, dass sie sich schuldig dafür fühlen würde, genau dann nicht für ihr Pony dagewesen zu sein, sie sei sonst immer in der Nähe gewesen. Aber das Pony beschrieb es genau andersherum. Dass sie sich für ihre Menschin auf eine mütterliche Art und Weise mit verantwortlich gefühlt hatte. Dass sie meint, diese Frau großgezogen und ihr viel auf den Weg ins Erwachsenwerden mitgegeben zu haben, und dass sie für sich entschieden hatte, ihrer Menschin den Anblick des letzten Weges zu ersparen. Sie fand, dass sie diesen Weg lieber selbst gehen sollte, anstatt ihrem geliebten Menschen aufzuerlegen, das mit anzusehen. Die Ponystute wollte sie damit schützen.

Mein früherer Hund Merlin hat seinen Tod anscheinend ebenso selbst gewählt. Ich bekam ihn vierjährig, als gebeutelten Tierschutz-Hund, und er lebte noch zwölf Jahre bei mir. Als er 16 Jahre alt war, hatte er bereits ein Vestibular-Syndrom, schwankte deshalb beim Gehen, und konnte nur noch schlecht sehen und hören. Dennoch war er weiterhin selbstbestimmt. Er war in der Lage, sein Geschäft draußen zu machen, konnte eigenständig laufen und fraß gut. Selten bekam er Magenschmerzen nach dem Fressen. Mehrmals machte er mir deutlich, dass er keine Diagnose für seine Beschwerden mehr haben wollte, und ich respektierte das.

Merlin war ein sehr beschützender Hund. Er hatte so seine Probleme mit Fremden, Männern, Kindern, LKWs, Rehen, Kaninchen und so weiter. Er biss außerdem und hatte deshalb fünf Vorbesitzer. Ich schaffte es ganz gut, ihm ein Leben zu bieten, in dem er sein durfte, ohne eine Gefahr für sich selbst und andere zu sein. Er passte im Gegenzug sehr gut auf mich auf. Ein bisschen zu gut möchte ich meinen, ganz besonders in Bezug auf Männer.

Aber am Tag, als mein damaliger Partner bei uns einzog, war Merlin guter Dinge, denn er mochte ihn, mit ihm hatte er nie ein Problem. Merlin durfte mit mir vorn im großen Umzugswagen fahren und das liebte er. Auf dem Vordersitz von großen Autos saß er gern. Er machte den ganzen Umzug mit, fraß nachmittags sein Futter und als wir spätabends zuhause ankamen, ging es ihm nicht mehr gut. Er hatte Magenschmerzen und wollte sich im Garten verstecken. Ich überredete ihn, mit ins Haus zu kommen, wo er sich in seinem weichen Körbchen neben meinem Bett einrollte, als wir schlafen gingen.

Mein damaliger Freund sprach manchmal im Schlaf, und meistens passierte das, ohne dass er dabei aufwachte. Irgendwann nachts schreckte er hoch, sah mich an und sagte: „Ich muss mein Revier verteidigen!“ Er wachte dieses Mal davon auf. Ich wunderte mich und schaute zu Merlin. Als ich sein weiches Fell berührte, wusste ich es sofort. Er war kalt und reglos. So eingerollt, wie er eingeschlafen war, lag er nun leblos da.

Merlin hat seine Aufgabe, mich zu beschützen, guten Gewissens an meinen damaligen Freund weitergeben können. Er fand, dass nun endlich ein adäquater Mann zur Stelle war, der für ihn übernehmen könnte. Mit 16 Jahren konnte er gehen und seinen Auftrag, mich zu beschützen, abschließen. Danach träumte ich oft von Merlin und jeder Traum war, als würde ich ihn wiedertreffen. Und so war es auch, das waren unsere Gespräche nach seinem Ableben. Wir wussten in diesen Träumen immer beide, dass er nicht mehr lebte, und freuten uns aber, dass wir uns im Traum auch körperlos treffen konnten. Wir träumten gemeinsame, ausgedehnte Waldspaziergänge. Wir träumten Ausflüge zu Freunden von mir, von denen er sich fröhlich verabschieden wollte. Wir träumten viele schöne, gemeinsame Stunden. Jeder Traum war heilsam, und mit Merlins Abschied lernte ich, dass es zwei Arten von Trauer gibt.

DEN FRIEDEN MACHEN

Die eine, in unserer Gesellschaft anscheinend gängigere Trauer ist diejenige, bei der es ist, als wäre ein Teil von einem selbst gestorben, wenn ein geliebtes Wesen stirbt. Es ist, als würde einem das Herz teilweise herausgerissen werden. Man versteht nicht, wieso es so kommen musste. Es fällt einem schwer, dieses Schicksal zu akzeptieren, und man verschmerzt den Verlust kaum. Je frischer diese Trauer ist, umso überschwemmender sind die damit verbundenen Emotionen, die kaum erträglich sind. Die Traurigkeit nimmt überhand und es fühlt sich einfach nicht richtig an, dass es so ist, wie es ist.

So geht es vielen Menschen, die ihre Tiere an plötzliche Krankheiten oder Unfälle verlieren. Ganz besonders, wenn das Tier dabei noch kein Alter erreicht hat, welches man als „alt" bezeichnen könnte. Das Gefühl, das Tier sei viel zu früh gegangen, ist dann vorherrschend. Menschen, die diese Art von Trauer bezüglich eines geliebten Pferdes oder Tieres erleben, kann durch Tierkommunikation oft gut geholfen werden. Denn sie funktioniert auch über die Lebenszeit im Körper hinaus. Übrigens auch in die andere Richtung. Meine Hündin Cookie und meinen jungen Wallach Makani habe ich schon vor ihrer Lebenszeit sprechen können, sogar noch vor ihrer Zeugung. Das ist darin begründet, dass ihre Seele auch körperunabhängig Bewusstsein über dieses Leben trägt.

Diese schmerzhafte Form der Trauer passiert meistens, wenn es dem Menschen vor dem Tod des Tieres nicht möglich war, seinen Frieden damit zu machen. Wenn der Mensch es nicht schaffen konnte, zu wissen oder zu akzeptieren, dass das Leben dieses Wesens, welches da gegangen ist, seine eigenen Regeln und Bestimmungen hat und dass das Ziel des Lebens nicht immer ist, möglichst alt und symptomfrei zu sein, bis man entschläft. Jeder Tod ist richtig, jeder Tod hat seinen Sinn, auch wenn wir ihn aus unserer menschlichen, momentanen Sicht heraus gerade nicht verstehen oder erkennen können. Das weiß ich, weil ich mit vielen verstorbenen Tieren sprechen durfte und die Fragen der Menschen dazu von diesen Tieren beantwortet wurden. Es gibt für Menschen mit solcher Trauer oft die Frage nach ihrer Schuld und die Bitte nach Vergebung. Fragen in dieser Richtung können heißen: „Hätte ich doch noch der Operation zustimmen sollen, wärst du dann noch am Leben?“, oder: „Wenn ich an dem Wochenende nicht in den Urlaub gefahren wäre, dann hätte ich bei dir sein können und vielleicht wäre es dann anders gekommen? Ich fühle mich schuldig.“ Oder „habe ich zu wenig getan oder etwas falsch gemacht?“. Oder auch: „Habe ich zu früh oder zu spät gehandelt?“

Die Antworten auf diese Themen sind fast nie: „Ja, die Operation wäre richtig gewesen und damit würde ich noch leben.“ Oder „du bist schuld daran, dass ich nicht mehr lebe“, sondern fast immer vermitteln die Tiere nach ihrem Ableben in den Gesprächen, dass es richtig so war. Meistens ist es sogar so, dass die Tiere auf diese spezifischen Fragen zu den letzten Tagen, Wochen oder Monaten ihres Lebens nicht viel zu sagen haben, weil für sie nicht das Ende ihres Lebens definierend ist, sondern ihr Leben in Gesamtheit.

Das Sterben bringt einer Seele neue Eigenschaften. Man schaut nicht mehr aus seinem Körper in den zeitdefinierten, momentanen

Lebensmoment hinein, sondern man schaut, wenn man es räumlich ausdrücken möchte, von oben auf die Ganzheitlichkeit des Seins. Die menschlichen und weltlichen Urteile darüber, was gut oder schlecht ist und was sein darf oder nicht, fallen dann weg. Das Wesen findet sich in unendlicher Liebe, unendlicher Weisheit und im Frieden wieder. Es hat Zugang zur ultimativen Quelle allen Wissens und aller Energien. Es zählt dann die Liebe und wie dieses Tier sie mit seinem Menschen leben und teilen konnte. Das Tier spricht dann darüber, wie es sein Leben erlebt hat und wie es sich geliebt und aufgehoben gefühlt hat. Manche erzählen noch Situationen aus dem Leben, die sie besonders schön oder wichtig fanden. Aber ob es am Ende nun drei Monate länger gelebt hätte oder nicht, das ist dann nicht mehr wichtig. Noch nie habe ich ein Tiergespräch mit einem verstorbenen Tier geführt, welches sich beschwert hätte über das, was war.

Solche Gespräche führen oft dazu, dass der Mensch als Hinterbliebener besseren Frieden damit schließen kann, was passiert ist. Um sich klarzumachen, dass nicht alles Schicksal des Tieres in seinen Händen lag und dass das Leben des Tieres und seine Seele einen ganz eigenen Weg und Plan hatten, der gut und richtig war. Im besten Fall passiert diese Erkenntnis und der geschlossene Frieden, bevor das Tier verstirbt.

Die andere Art der Trauer ist jene, bei der der Hinterbliebene die oben beschriebenen Erkenntnisse vor dem Ableben des Tieres erhält. Ganz besonders dabei kann die Tierkommunikation helfen. Je mehr ich mit meinem Pferd spreche, umso besser kann ich seinen Weg verstehen oder zumindest akzeptieren. Umso mehr kann ich ihm zugestehen, dass es ein denkendes, fühlendes Wesen mit einem eigenen Seelenauftrag ist, dessen Wege ich nicht ständig hinterfragen muss. Zu lernen, dass man sein Tier passiv begleiten darf, bis es sein Leben abgeschlossen hat, ist eine wichtige Lektion eines jeden Tierhalters. Denn die Balance, seinem Tier ein guter, verantwortlicher

Besitzer zu sein, ohne es dabei zu besetzen, die ist nicht immer ganz einfach zu halten. Bei meinem Hund Merlin habe ich diese Balance gut hinbekommen, weshalb die Trauer nach seinem Tod diese heilsame Version war. Natürlich habe ich viel um ihn geweint, natürlich kam auch diese Trauer immer wieder in Wellen über mich. Seine physische Präsenz hat mir unendlich gefehlt. Aber das Wissen, dass er sein Leben gelebt hatte, wie dankbar und voller Liebe er war, und dass er einen Zeitpunkt wählen konnte, an dem seine selbstgewählte Aufgabe bei mir abgeschlossen war, das war sehr heilsam für mich. Dass er sein Leben bei mir immer in Absprache mit mir leben konnte, hat ihm seine Würde gelassen, die ihm andere Menschen oft genommen hatten, weil er ein in der Menschenwelt so problematischer Hund war. Ich konnte ihm zurückgeben, was er brauchte, um ein gutes Leben zu leben und seinen Abschied selbst zu wählen.

Auch in mir gab es einen Anteil, der in wenigen Momenten nach seinem Tod in Frage stellen musste, ob ich wirklich immer richtig für ihn gehandelt hatte, aber die Antwort auf diese Fragestellung wurde von einem größeren Anteil in mir gegeben, den ich deutlich spüren kann und der weiß, dass er der wahrhaftige ist. Ohne Tierkommunikation hätte ich das vermutlich nicht gekonnt.

Wenn ich von passiver Begleitung eines Menschen für sein Tier in seinem letzten Lebensabschnitt schreibe, dann meine ich, dass man genau diese Aufgabe annimmt. Dass man lernt, dass alles für sein Tier zu tun und jede Maßnahme zu ergreifen, die im besten Wissen und Gewissen anscheinend notwendig ist, nicht alles ist. Dass man, wenn man diesen Part im Übermaß betreibt, damit seinem Tier den Raum nimmt, mitzuentscheiden und sich zu zeigen in seinen Wünschen und Prozessen. Ein Tier krank sein zu lassen, es überhaupt auszuhalten, dass es krank ist, und ihm nicht konsequent das Gefühl zu geben, dass es falsch ist, weil es krank ist, allein das ist eine große Kunst. Ihm zuzuhören und zu respektieren, dass es eine gewisse

Handlung vielleicht gar nicht möchte oder nicht mehr möchte oder dass es eine ganz andere Sicht auf seine Symptome hat, ist wichtig für eine Freundschaft auf Augenhöhe zwischen Mensch und Tier.

Meine Lieblingslebenslektion zum Thema Sterben ist die Geschichte einer älteren Dame und ihres Katers. Nennen wir sie Frau Grubbert und den Kater Max. Diese Geschichte liegt nun schon viele Jahre zurück, sie hat mich nachhaltig geprägt und ich erzähle sie heute noch sehr gern meinen Schülern, wenn es in meinen Ausbildungen um das Sterben geht. Auch wenn es hier um eine Katze geht, so darf man für sein Pferd viel mitnehmen. Sterben ist eine universelle Erfahrung, die laut meiner Erfahrung speziesübergreifende Erkenntnisse mitbringt.

Frau Grubbert kontaktierte mich eines Tages, weil sie Hilfe für ihren Kater Max brauchte. Er sei krank und sie müsse wissen, was er braucht. So sprach sie mir auf den Anrufbeantworter. Wir vereinbarten einen Termin und ich sprach mit Max. Er antwortete auf alles. Etwas stur, etwas unstrukturiert und auch launisch, aber ich konnte gut mit ihm arbeiten. Nur Frau Grubbert, sie tat sich etwas schwer. Egal, welche Antwort auf ihre Fragen von Max kamen, sie erwiderte immer: „Ja, aber …“, und dann kam wieder ein Einwand, ein Zweifel, ein Infragestellen dessen, was ihr Kater sagte. Ich tat einfach meinen Job, fragte bei Max wieder nach und sprach so lange mit beiden, bis unsere Zeit um war.

Frau Grubbert schien zufrieden. Sie meldete sich ab jetzt öfter. Und jedes Mal lief das Tiergespräch nach dem gleichen Muster ab. „Ja, aber …“, bekam ich oft zu hören. Ich atmete dann durch, sprach weiter.

Max wurde nicht gesünder. Er wurde älter und es ging ihm zunehmend schlechter. Frau Grubbert hatte bereits im ersten Tiergespräch sehr deutlich gemacht, dass sie nicht bereit sei, jemals wieder eine ihrer Katzen einschläfern zu lassen. Sie hätte damit ganz schreckliche Erfahrungen gemacht und würde das nie wieder ertragen.

Je schlechter es Max ging, umso anstrengender wurden die Tiergespräche mit Frau Grubbert. Nicht nur mit ihr, auch Max wurde anstrengender. Sturer, launischer, unstrukturierter. Beide hatten offenbar Angst vor dem Tod von Max. Ich versuchte, beide darauf vorzubereiten, indem ich ihnen schöne Dinge über das Sterben erzählte und auch sagte, wie ich sie dabei begleiten könnte. Dass es gut gehen würde, wenn wir nur immer schauen würden, was sie beide dabei bräuchten.

Aber egal, was ich sagte … „Ja, aber …", mittlerweile fing sogar Max damit an. Er hatte Angst vor dem Sterben und keine Ahnung, ob etwas und, falls ja, was danach käme. Er wurde missmutiger und kränker.

Also sprach ich und sprach ich und sprach ich. Bald schon graute es mir davor, wenn ich auf meinen Anrufbeantworter Frau Grubberts Stimme hörte.

Aber ich tat meinen Job. Bis zum bitteren Ende. Max war irgendwann ein wandelndes, schlafloses, jaulendes, eiterndes Etwas. Er und Frau Grubbert fanden keine Ruhe und keinen Frieden, bis zum Ende. Sie wollte ihn auf keinen Fall einschläfern lassen, er wollte auf keinen Fall sterben. Ich wollte nur, dass es beiden gut geht.

Irgendwann ging es nicht mehr. Ich fing an, mit beiden zu verhandeln. Frau Grubbert war am Ende ihrer Kräfte und Nerven angekommen, Max auch. Also entschied ich für beide, dass wir der Sache noch drei Tage geben würden, denn so konnte es nicht weitergehen. Wenn Max es bis dahin nicht selbst geschafft hätte, zu gehen, dann würde eine Tierärztin kommen, um ihm zu helfen und ihn einzuschläfern.

Er schaffte es nicht selbst. Am Tag des Einschläferns nahm ich all meine Kräfte zusammen und versuchte, die beiden so gut es ging aus der Entfernung mit liebevoller Energiebehandlung zu unterstützen, bis Max es geschafft hatte. Ich zündete eine Kerze an und saß in Stille dort, bis ich meinte, alles getan zu haben. Ich war erleichtert, dass er es nun endlich geschafft hatte.

Doch das sollte nicht das Ende sein. Frau Grubbert rief zwei Stunden später an und sprach wieder auf die Maschine. Max wäre zwar eingeschläfert worden, aber sie sei sicher, der Körper würde sich noch bewegen, er sei gar nicht tot.

Ich konnte nicht mehr, rief nicht zurück. Aus eigenen Erfahrungen meiner Tierpflegerinnenzeit weiß ich, dass ein gerade gestorbener Körper sich noch manchmal bewegt, mit Pech sogar noch viele Stunden später. Innerlich verfluchte ich das Universum, dass es hier nun wirklich alle Register gezogen hatte, um klarzumachen, dass man eben nicht alles in der Hand hat, nur weil man es „richtig macht". Ich hatte das Gefühl, wirklich schlechte Arbeit abgeliefert zu haben, nicht geholfen zu haben, und war lange ratlos, was mir das sagen sollte. Ich hatte wirklich alles versucht und alles gegeben in meiner Rolle als Tierkommunikatorin, aber es hatte nicht gereicht, so schien es mir. Dennoch schloss ich mit der Sache ab und war erleichtert, Frau Grubbert nun nicht mehr auf meinem Anrufbeantworter haben zu müssen.

Bis sie eines Tages wieder anrief. Ihre Nachricht war im gewohnt besorgten Ton. Sie hätte nun eine Katze aus dem Tierheim aufgenommen. Das Tierheim wäre unverschämt, die arme Katze wäre sehr krank und das schon lange. Man wolle ihr auch keine Auskunft geben, woher sie käme. Und nun müsste sie unbedingt wissen, was mit dieser Katze los sei.

Ich erstarrte. Wirklich? Muss ich das wirklich wieder tun? Ich haderte mit mir und meinem Job und schob die Sache auf die lange Bank. Eine Woche brauchte es, bis mein Arm mir gehorchte und ich das Telefon nehmen konnte, um mit Frau Grubbert und ihrer neuen Katze zu sprechen. Wie richtig dieser Aufschub war, wurde mir erst nach dem Telefonat klar.

Frau Grubberts Stimme war in diesem Gespräch auf einmal weicher, weniger sorgenvoll und sie erklärte mir, dass ihre neue Katze bereits verstorben sei. Dass sie in ihren Armen sanft entschlafen sei und dass sie, Frau Grubbert, endlich ganz liebevoll und entspannt damit umgehen konnte. Dass dadurch, dass sie die Katze noch nicht lange kannte, ihr die eigenen Verlustängste, nicht im Weg stehen mussten. Sondern dass sie dem Tier einfach den lang ersehnten Platz, die Liebe und die Geborgenheit geben konnte, damit diese Katze in einem friedlichen Umfeld endlich ihren Weg gehen konnte.

Ich konnte Frau Grubbert versichern, dass sie der Katze damit den Gefallen ihres Lebens getan hatte. Denn diese sagte zu mir, noch bevor mir Frau Grubbert alles erklärt hatte: „Ich habe einen Engel getroffen, der mir die Liebe gab, in der ich mich entspannen konnte, um endlich gehen zu dürfen." Diese Katze saß sehr lange krank im Tierheim fest, zwischen Dutzenden anderer Katzen. Sie fühlte sich unwohl, bedrängt und hatte nicht das Gefühl, in diesem Umfeld krank sein zu können. Also hielt sie sich zurück, so gut es ging. Sie wartete auf jemanden, der ihr diese letzte Liebe geben würde, in deren Raum sie endlich aus ihrem Körper gehen konnte.

Diese letzte Liebe, das war für diese Katze Frau Grubbert. Und auf einmal war das große Bild wieder perfekt. Für mich, für Max, für Frau Grubbert und für die Katze, der sie ins Licht half.

Ich habe nie wieder von Frau Grubbert gehört. Und einen Anrufbeantworter habe ich auch nicht mehr.

Die Geschicht von dieser Frau und ihrem Kater zeigt viele wichtige Aspekte des Sterbens bei Tieren. Vorrangig hat sie mir als Tierkommunikatorin gezeigt, dass ich einfach nur meinen Job machen soll, ohne meine Leistung zu bewerten oder sie von meinen Kunden bewerten zu lassen. Ganz egal, ob Frau Grubbert annehmen konnte, was ihr Kater sagte, oder ob ich dachte, den beiden geholfen zu haben, es war richtig, meine Leistung zu vollbringen. Es ist meine Aufgabe als Tierkommunikatorin, so wertfrei wie irgend möglich in die Tiergespräche zu gehen, damit sich alles zeigen darf, was Tier und Mensch zeigen und sagen möchten. Es ist nicht mein Job, das zu bewerten. Ich muss loslassen, ob es danach „gut" wird, denn „gut" ist nur meine Bewertung aus der Sicht, die ich habe, nachdem ich eine Stunde lang in das Leben dieser Wesen eingetreten bin. Es ist immer hilfreich, dass ich meinen Job mache, allein schon, weil der Mensch und das Tier es so wollten. Von Frau Grubbert wusste ich erst am Ende unserer gemeinsamen Geschichte, die über lange Zeit ging, welchen Sinn all die Dramen vorher hatten. Sie haben zumindest der alleingelassenen, kranken Katze aus dem Tierheim geholfen. Aber in den meisten Fällen verfolge ich das Leben meiner Kundentiere und deren Menschen nicht weiter und bekomme nicht mit, was meine Arbeit für sie verändert hat und inwiefern das irgendwann geholfen hat. Das ist okay, ich darf unabhängig von der Bestätigung durch meine Kunden meine Arbeit als wichtig und richtig ansehen. Ich brauche keine Bewertung oder Validierung dafür. Ich handle im Urvertrauen, dass der Sinn meines Lebens unter anderem darin besteht, diese Arbeit für andere zu leisten.

Ein anderer, interessanter Aspekt dieser Geschichte ist, dass dieser Kater Angst vor dem Tod hatte und nicht wusste, dass der Tod nicht das absolute Ende sein würde. Ich weiß noch heute, wie er mir das Gefühl beschrieb, dass sein eingeschläferter Bruder einfach verschwunden war, wie vom Erdboden verschluckt, und wie viel Angst ihm das gemacht hatte. Dass er spirituell völlig ahnungslos unterwegs war und sein Bewusstsein nicht über das, was er mit seiner Menschin lebte, hinausging.

Manche Menschen meinen, dass Tiere alles wissen, uns irgendwie übergeordnet sind und spirituell viel weiter als wir Menschen. Wer meine Arbeit und meine vorherigen Bücher kennt, der weiß, dass es immer alles gibt bei Pferden und allen Tieren. Nicht jedes Pferd ist gleich. Nicht alle Tiere sind weise und allwissend oder sogar spirituell. Es gibt welche, die genau wissen, was passiert, wenn sie sterben. Und es gibt welche, die keine Ahnung haben und selbst hilflos sind mit dem, was sie brauchen und wo es langgeht. Auch nicht jedes Tier weiß, wann es stirbt oder wie man den Körper verlässt. Nicht mal jedes Tier kann seinen Körper überhaupt spüren. Genau wie bei uns Menschen gibt es diesbezüglich bewusstere und unbewusstere Wesen.

Ganz besonders im letzten Lebensabschnitt von Tieren und ihren Menschen ist es für mich als Tierkommunikatorin wichtig, im Auge zu behalten, dass ich mit zwei gleichwertigen Gesprächspartnern rede. Natürlich ist es toll, dass ich eine Stimme für die Pferde sein kann, und sie brauchen diese Arbeit dringend. Aber in einem Pferdegespräch mit einem Kunden sind die Bedürfnisse, Ansichten und Meinungen des Menschen genauso viel wert, wie die des Pferdes. Es nützt dem Pferd nichts, wenn ich für es Partei ergreife und gegen den Menschen rede. Dieser wird sich unverstanden fühlen und von mir, die urteilend damit handelt, nicht annehmen können, was sein Pferd da sagt. Damit verfehle ich den Sinn meiner Arbeit dann komplett.

Im Sterben bedeutet das, dass eine Frau Grubbert mit ihrer Überforderung in der Situation genauso angehört werden will und muss wie ihr Kater. Denn nicht zuletzt möchte auch im Sterben kein Tier, dass sein Mensch über all seine Grenzen geht und ausgelaugt zurückbleibt, nur um es seinem geliebten Tier bis zur letzten Sekunde recht zu machen. Man kann sehr gut Kompromisse eingehen und sogar Verabredungen treffen, um der Sache ein Ende zu setzen, wenn sie für einen der beiden Beteiligten so nicht mehr aushaltbar ist. Ich habe damit in meiner Arbeit immer gute Erfahrungen gemacht und die Tiere empfinden solche Kompromisse nicht als übergriffig.

Das Sterben an sich ist keine so große Sache, wie wir Menschen meinen. Wir haben viel zu viel Angst davor und das Thema Tod wird in unserer Gesellschaft verpönt, es ist ein Tabu-Thema. Menschen dürfen nicht einfach sterben, Suizid ist eine Sünde und man schaut besser weg, wenn jemand sehr krank ist und seinen Weg geht. Alles passiert hinter verschlossenen Türen und es wird bis zum letzten Atemzug gekämpft. Das Unvermeidbare wird mit aller Kraft und Überzeugung versucht, abzuwenden. Diese Haltung wirkt fast schon absurd, wenn wir uns klarmachen, dass der Tod ein natürlicher Vorgang ist, der in unser Leben integriert werden darf. Dass danach alles vorbei ist, können Tiere nicht bestätigen. Wahrscheinlich ist die anerzogene Angst davor also eigentlich übertrieben.

Aus dem, was mir Tiere über den Tod erzählen, leite ich gern ab, dass Sterben, also von dieser Welt gehen, ein wenig so ist, wie auf diese Welt zu kommen. Die Geburt hat mit dem Tod einiges gemeinsam. Es sind meistens Schmerzen im Spiel und es gibt einen körperlichen Prozess, der auf einen Übergang hinarbeitet und der viele Veränderungen mit sich bringt. Der Moment des Übergangs in die Welt oder aus der Welt heraus kann kompliziert und langwierig oder schnell und überraschend sein und das „Wunder" dabei ist in seiner Intensität gleichermaßen berührend und emotional für die Beteiligten. Manche brauchen dabei Unterstützung von anderen und manche möchten das lieber in der Intimität ihrer selbst erleben. Beides sind ganz natürliche Prozesse, die einen Weltenwechsel beschreiben.

Auf diesem Weg gibt es einige Vorkommnisse bei Tieren, die für uns Menschen oft schwierig zu deuten sind. Weil wir aus oben genannten Gründen so wenig Erfahrung mit dem Tod haben, brauchen wir manchmal unsere geliebten Tiere, um etwas darüber zu lernen. Ich möchte an dieser Stelle einige meiner Erfahrungen beschreiben, um es uns Menschen etwas leichter zu machen, unsere Pferde und alle Tiere in diesem Prozess passiv zu begleiten.

Hungern und Dürsten

Ältere Pferde, andere Tiere und auch Menschen nehmen oftmals weniger Nahrung auf als zu jüngeren Lebzeiten. Das begründet sich darin, dass der Körper sich irgendwann zu reduzieren beginnt. Er braucht also nicht mehr so viel Energie, um in voller Kraft seine Aufgaben zu meistern. Sondern er wird langsam kleiner, langsamer, dünner oder insgesamt eben weniger. Damit verringert sich der Appetit und manchmal auch der Durst. Wenn ein Wesen dann tatsächlich in Richtung Sterben geht, dann kommt es vor, dass es die Nahrungs- oder Wasseraufnahme teilweise oder sogar ganz einstellt. Manchmal für einen kurzen oder auch für einen längeren Zeitraum. Je nachdem, wie bald der Weltenwechsel bevorsteht. Für die begleitenden Menschen ist dann die berechtigte Sorge, ob das Tier wohl verhungern oder verdursten würde. Diese Frage wurde oft in Tiergesprächen mit sterbenskranken Tieren gestellt und die Antwort war in den meisten Fällen, dass das Tier eben keinen Hunger oder Durst mehr verspürt, weil der Körper versucht, sich zu reduzieren. Sie berichten dann, dass eine Nahrungsaufnahme eher stören würde und der Körper dann damit zu tun hätte, die Nahrung umzusetzen und einzulagern an Orten, wo sie nicht mehr erwünscht ist. Ergo würde eine Zwangsernährung manche Tiere auf dem Weg ins Ableben eher stören und sie unnötig belasten, als ihnen zu helfen. Da das Hunger- oder Durstgefühl in solchen Fällen meistens ausbleibt, ist es auch kein jämmerliches Verhungern oder Verdursten, welches das Tier dort erlebt. Und selbst wenn dann die folgerichtigen Organversagen oder Problematiken in den Abläufen des Körpers geschehen, ist dies für die betroffenen Tiere oft dennoch kein Grund, zur Nahrungsaufnahme gezwungen zu werden. Um aus dem Körper herausgehen zu können, braucht es in vielen Fällen eben diesen Reduzierungsprozess, der manchmal mit Nahrungsverweigerung einherkommt. Es ist dann vielleicht nötig, dass die Verdauung herunterfährt, damit der Körper sich weiter reduzieren und Schritt für Schritt „ausschalten“ kann, damit die Seele ihren Weg aus dem Körper heraus schaffen kann. Der

Sinn des Sterbens ist es ja, das Leben abzuschließen, also den lebenden Körper zu verlassen.

Nicht jede Nahrungsverweigerung ist gleich eine gewollte Körperreduzierung. Es gibt natürlich auch Fälle, in denen ein Tier nichts fressen mag, weil beispielsweise das Schlucken schmerzt oder weil es Übelkeit empfindet. Übrigens kommt Übelkeit bei Pferden nicht selten vor. Wenn es von diesen Symptomen gerne befreit wäre und sich wünscht, weiterzuleben oder gesünder zu werden, dann ist es angebracht, ihm in Absprache zu helfen und Maßnahmen einzuleiten.

Schmerzen

Schmerzen sind ein wichtiger Teil unseres Lebens und unserer Körper, das gilt für Pferde und andere Tiere gleichermaßen. Wir brauchen Schmerzen als Rückmeldung unseres Körpers, dass etwas nicht stimmt oder wir uns überfordern. Im Sterbeprozess können Schmerzen hilfreich sein, um den Weg aus dem Körper zu beschleunigen. Manchmal schafft die Seele den Ausstieg aus dem Körper, weil die Schmerzen zu groß werden. Das ist dann ein Weg, um den Körper auszuschalten oder um sich aus dem Körper wie herauszukatapultieren. Viele Tiere lehnen auch deshalb Schmerzmittel ab, sie möchten diesen Weg lieber bewusst gehen. Und einige Pferde ziehen die Schmerzen auch den Nebenwirkungen der möglichen Medikamente zur Linderung vor.

In anderen Fällen werden Schmerzen im Sterbeprozess als lästig und hinderlich empfunden. Dann wünscht sich ein Pferd vielleicht, diesbezüglich Linderung zu erfahren, um zur Ruhe kommen zu können. Manches Ableben passiert leichter, wenn der Körper möglichst entspannt ist. Damit man einfach entschlafen kann. Je nachdem, wie weit ein Wesen auf seinem Weg ins Ableben ist, haben Schmerzen einen unterschiedlichen Stellenwert für sein ganz persönliches Empfinden. Ein Pferd, welches sich noch vital und im Leben stehend fühlt, obwohl es sterbenskrank ist, möchte seine Schmerzen vermutlich lieber behandelt haben als eines, welches damit liebäugelt, seinen Körper bald zu verlassen.

Lethargie

Für viele Menschen ist es schwer, zu beobachten, wenn ihre Tiere in eine lethargische Haltung verfallen, wenn sie krank sind oder den letzten Weg antreten. Man schlussfolgert dann, dass sie große Schmerzen haben müssten und sich deshalb so abwesend verhalten. Das mag in manchen Fällen auch so sein, jedoch ist es weitaus häufiger anders, als Mensch denkt.

Viele Pferde und andere Tiere, die ich ansprach, als sie in einer Lebensphase waren, in der sie schon manchmal sehr abwesend oder nicht mehr ansprechbar waren, berichten mir davon, dass sie in diesen Phasen schon mal „austesten" würden, wie es ist, aus dem Körper zu gehen. Ich weiß noch genau, wie mir eine Katze, die röchelnd und zusammengekauert neben mir auf dem Sofa der traurigen Besitzer saß, davon berichtete, dass sie gerade gar nicht da wäre. Als ich fragte, wo sie sei, zeigte sie mir herrliche Bilder von Galaxien und dem Universum. Sie sagte dazu, dass sie ihre Seele schon manchmal freilassen würde und dann tatsächlich mit ihrem Bewusstsein nicht im Körper wäre. Deshalb empfand sie auch keine Schmerzen.

Da wir diesen Anblick nicht gewohnt sind, wie ein Tier gerade „nicht zuhause" ist in seinem Körper, macht uns so etwas oft Angst. Es gibt aber auch Momente, die weniger erschreckend sind. Zum Beispiel, wenn ein altes Tier etwas zu tief schläft und völlig orientierungslos wirkt, wenn es geweckt wird. Auch das sind oft Momente, in denen die Seele schon mal geschaut hat, wie es außerhalb des Körpers so ist. Das sind Vorbereitungen auf den finalen Weg aus dem Körper heraus, sie können hilfreich sein im Prozess dorthin.

Generell ist zu beachten, dass Symptome nicht immer behandelt werden müssen. Das gilt selbstverständlich auch schon für normale Krankheitsphasen des Pferdelebens und nicht nur für den Sterbeprozess. Das Pferd zu fragen, wie es mit seinem Zustand umgehen möchte, sollte immer die erste Maßnahme sein. Es spricht absolut nichts gegen eine möglichst individuell abgestimmte, ganzheitliche Behandlung eines Pferdes, wenn es Symptome zeigt. Damit verbunden ist aber unbedingt die Zustimmung des Pferdes. Außerdem braucht der Mensch den Willen, die Symptome als Zeichen zu verstehen und sich dazu imstande zu fühlen, sein Pferd durch diese Phase des körperlichen Zustands zu begleiten. Damit ist nicht gemeint, plötzlich Fachwissen über den gesamten, medizinischen Bereich dieser Symptome zu häufen und alles richtig zu machen. Gemeint ist tatsächliche Begleitung, in der man seinem Pferd den Raum gibt, sein zu dürfen. Ganz egal, wie das von außen aussieht. Egal, ob man den Zustand selbst versteht. In diesem Raum fragt man nach, bietet vielleicht Hilfe an, hält es aber aus, wenn diese nicht, nur teilweise oder anders angenommen wird. Das Pferd kann selbst entscheiden, wie es mit seinen Symptomen umgeht.

Ich kenne Pferde, die seit Jahren lahmen oder merkwürdige Einschränkungen haben. Pferde, die sich nicht hinlegen können, oder welche, die an guten Tagen fröhlich und an schlechten durcheinander sind. Trotzdem dürfen sie sein und sogar machen oder unterlassen, was sie selbst möchten. Sie dürfen einfach sagen, was sie brauchen und was nicht. Es muss ihnen nichts weggespritzt werden, wenn sie es nicht möchten, schon gar nicht ihr Leben.

Jedes Wesen geht seinen eigenen Weg und hat seinen eigenen Prozess. Es ist so drastisch individuell und nicht bewertbar, wie ein Pferd ein Symptom auslebt und wie es ein anderes tut. Wie es damit umgeht, was das mit ihm macht und wohin es damit gehen wird. Das Symptom, welches wir so gern weghaben würden, gehört ihm. Sein Körper gehört ihm, sein Lebensweg ist sein eigener und der Sinn hinter allem, was ihm widerfährt, formt sein eigenes, unantastbares Leben. Dieses Pferdeleben und seinen Weg zu manipulieren, um es sich selbst bequemer zu machen, und sei es nur aus eindimensionalem Mitleid, ist ein fragwürdiger und doch ständig vorkommender Akt in der Pferdewelt. Wie viele Pferde werden eingeschläfert, weil niemand bereit ist, sie auf diesem Weg zu begleiten? Wie viele Pferde werden immer wieder „fit gemacht", bis sie irgendwann endgültig kollabieren? Wie viele Menschen wollen glauben, dass Leid vermieden werden muss? Wie oft wird der Stempel „nicht mehr lebenswert" vergeben, um es den Menschen leicht zu machen? Und wie viele Menschen wollen nicht hören, dass das Symptom vom Pferd oftmals ein Zeichen dafür ist, dass sie die Seelenschnittmenge mit ihrem Pferd beachten sollten und es hinzuschauen gilt, welche Veränderungen es braucht?

Symptome haben einen Sinn. Jeder hat sie. Sie dürfen sein. Krankheit als wichtigen Teil des Lebens zu akzeptieren, gemeinsam zu versuchen, sie ohne Bewertung zu verstehen, das wäre ein großer Schritt in die richtige Richtung. Für sich selbst, und für die Beziehung zum Pferd und zu allen anderen Wesen. Wir sind nicht hier, um uns über andere zu erheben und zu urteilen, auch nicht über unsere Pferde. Wir sind hier, um in Verbindung zu gehen und zu begleiten auf dem gemeinsamen Weg über Berge und durch Täler. Wir dürfen auf diesem gemeinsamen Weg verstehen, dass wir nichts kontrollieren. Sondern alles bloß erleben. Je verbundener wir dabei sind, umso sinnvoller und schöner wird es. Je mehr wir, gerade zum Lebensende unserer Pferde, dabei loslassen, wie es sein müsste, umso tiefer geht unsere geteilte Liebe.

Wenn ein Pferd sich wünscht, zu sterben, gibt es einen Weg, ihm dies zu ermöglichen. Die Möglichkeit der Einschläferung ist ein wahres Geschenk für unsere Pferde und Haustiere. Gerade Pferde haben oft Krankheiten, die ihnen das Leben unmöglich machen und die andererseits aber nicht direkt zum Tod führen. Für viele Pferde ist es dann beruhigend zu wissen, dass sie für ihren letzten Weg diese Hilfe beanspruchen können.

Tatsächlich wird aber der Weg der Einschläferung ganz besonders für Pferde, aber auch für unsere Haustiere oft viel zu früh gewählt. Tierärzte und andere sogenannte Experten raten gern viel zu schnell dazu, das Tier zu „erlösen". Dabei wird die Option der Einschläferung gern herbeigezogen, um davon abzulenken, dass man ratlos ist, wie dem Tier weiter zu helfen sei. Auf Seiten der Pferdebesitzer ist es oft so, dass sie unter dem Deckmantel des vermeintlich vermiedenen Leids meinen, ihrem Pferd ja einen Gefallen damit tun zu können. Wenn sie in Wahrheit eher erleichtert sind, dass sie für die Kosten eines kranken, Umstände bereitenden Pferdes, welches nicht mehr benutzt werden kann, nicht weiter aufkommen müssen. So geben sich dann Tierärzte und Pferdehalter oft die Hand und es kommt zu schnell zu diesem abgekürzten Sterbeprozess. Dabei ist „Leid" ein wichtiger Teil des Lebens, der Wachstum und Veränderung mit sich bringt und der gelebt werden darf, wenn das erlebende Wesen sich noch nicht wünscht, zu gehen. In anderen Fällen lassen sich liebende Pferdebesitzer auch Druck machen von anderen Pferdebesitzern, Tierärzten oder Stallbetreibern, die es kaum mitansehen können, dass es jemand mal anders machen möchte und seinem Pferd zugesteht, seine letzten Wochen oder Monate auch mit Symptomen zu durchleben und selbst den Moment zu finden, wann es nicht mehr weiterleben möchte. Diese Menschen sehen dann ihr eigenes Handeln infrage gestellt und das wird nicht geduldet, also lastet bald so viel auferlegte Schuld für das Leid des Pferdes auf den Schultern des Pferdebesitzers, dass er nachgibt und sein Pferd zu früh einschläfern lässt.

Es ist schade, dass wir Pferdemenschen Tod und auch Krankheit schlecht aushalten können. Ganz besonders das Pferd, welches so sehr über seinen Körper definiert wird, darf nicht „mangelhaft" daherkommen. Schon eine leichte Taktunreinheit ist eine mittelschwere Katastrophe für ambitionierte Reiter. Schade, dass auch heute noch vergessen wird, dass Pferde Wesen sind, die ein Recht darauf haben, so selbstbestimmt wie möglich zu leben. Und über deren Körper niemand zu urteilen hat. Wer versteht, dass echte Liebe zum Pferd bedeutet, ihm tatsächlich den Raum zu geben, zu seinen Symptomen und Krankheiten eine eigene Meinung zu vertreten, der schreitet durch ein Tor, welches den Weg zur Selbsterkenntnis mitbringt. Denn wer aufhört, sein Gegenüber zu analysieren, der merkt schnell, dass es angebracht ist, bei sich selbst genauer hinzuschauen. Ein krankes Pferd, welches seinen Frieden machen darf, ist dabei ein Lehrer wie kein anderer. Denn seine Seelenschnittmenge mit uns und unseren Themen, unseren Lebenswegen, zeigt eine Synchronizität, in der man gemeinsam im Austausch mehr über sich selbst lernen kann, als man sich vorstellen konnte. Es bedarf etwas Demut dem Pferd gegenüber und etwas Achtsamkeit sich selbst gegenüber, um die wahren Erkenntnisse mitzunehmen, die eine liebevolle Freundschaft mit dem Pferd bereithält.

Wer seinem Pferd diesen Weg verwehrt, im eigenen Tempo in den eigenen Frieden gehen zu können, in Rücksicht auf seine ganz individuellen Bedürfnisse und Wünsche für seine letzte Lebenszeit, kürzt auch diesen eigenen Lern- und Wachstumsprozess ab. Und nimmt sich damit die Chance, in die eigene, wahre Größe zu gelangen, die Pferde sich so oft von ihren Menschen wünschen.

INS JENSEITS GEHEN

Ist ein Pferd, ein Mensch oder ein anderes Tier verstorben und man spricht es an, dann bekommt man schnell den Eindruck, dass es richtig so war. Der Tod ist niemals falsch. Selbst wenn wir Verbliebenen im Hier und Jetzt schwer oder gar nicht nachvollziehen können, dass daran etwas richtig gewesen sein soll. Dies widerspricht sicherlich dem zuletzt beschriebenen Phänomen der zu frühen Einschläferung, denn wenn der Tod immer richtig ist, wieso sollte dann ein Einschläfern kurz vorher falsch gewesen sein? Ich kann Menschen, deren Pferde auf dramatische, plötzliche oder anders schlimme Weise gestorben sind, da oft einen ersten Moment des Trostes vermitteln, wenn ich ihnen sage, dass tot sein immer gut ist. Auch wenn zu früh eingeschläferte oder überraschend verstorbene Tiere und Menschen sich oftmals wie aus dem Leben „herausgeschmissen" fühlen und es dann nach unserem weltlichen Empfinden etwas Zeit braucht, bis die Seele darin angekommen ist, nun körperlos zu sein, so scheint es doch sicher, dass danach alles friedlich wird. Die Seele körperlos zu erfahren, im sogenannten „Jenseits", kommt einher mit einem Gefühl des unendlichen Friedens, absoluter Liebe und dem Gefühl, eins zu sein mit allem. Ein verstorbenes Pferd zeigt gern, dass es sich in seiner besten Form überall aufhalten kann. Es kann neben uns unsichtbar durch den Wald laufen, es kann Teil des Windes sein oder einfach im Universum verschwinden und dann wieder bei uns sein.

An dieser Stelle möchte ich versuchen, einen bodenständigen Eindruck davon zu vermitteln, was nicht mehr bodenständig sein kann. Bodenständig beinhaltet die Worte „Boden" und „stehen", beides sind sehr weltliche Begriffe, die im Tod nicht mehr vorkommen. Dennoch sind wir Hinterbliebenen noch hier. Wir stehen auf dem Boden unserer Welt, unserer Tatsachen, und versuchen, zu verstehen, was es bedeutet, gestorben zu sein. Wer mit Tieren spricht, merkt schnell, dass der Tod nicht einfach das Ende bedeutet, sondern nur das Ende des Körpers in diesem Leben beschreibt. Ich habe mit sehr vielen Tieren gesprochen, die den Übergang aus diesem Leben vollendet haben, und von ihnen viele Informationen bekommen, die mir einerseits bestätigt haben, dass sie tatsächlich ansprechbar bleiben und Dinge sagen, die ich mir nicht hätte ausdenken können. Die vorherigen Besitzer konnten tatsächlich bestätigen, dass diese Tiere so waren oder diese Dinge tatsächlich so passierten, wie sie beschrieben wurden. Und die mir andererseits einen Einblick darin gezeigt haben, woher wir kommen und wohin wir gehen, wenn die Zeit in diesem Körper vorüber ist.

Wem das zu glauben schwerfällt, dem empfehle ich gern ein gutes Buch zu Nahtoderfahrungen von Menschen. Es wurde von einem niederländischen Herzchirurgen geschrieben, der die Berichte von betroffenen Patienten sachlich und wissenschaftlich zusammengefasst hat und daraus nachweislich geschlussfolgert hat, dass das Bewusstsein über den Tod hinaus besteht. Das Buch heißt „Endloses Bewusstsein" und der Autor Pim van Lommel.

Allem voran ist wichtig zu erwähnen, dass gerade bezüglich Sterben mein liebster Spruch ist: „Ich weiß, dass ich nichts weiß." Denn alles, was ich über das Sterben und den Tod von den Tieren lernen durfte, wurde später durch neue Erfahrungen und weitere Pferde- und Tiergespräche ergänzt und erweitert, und so ist mein Lernprozess diesbezüglich nie abgeschlossen. Immer, wenn ich dachte: „Aha, so ist das also mit dem Sterben", dann kam ein Tier, welches mir eine andere Seite davon aufzeigte. Ich habe für das Thema „Jenseits" mittlerweile auch akzeptiert, dass es gar nicht so sein soll, dass wir als im Körper lebende Wesen im Hier und Jetzt alles darüber wissen und verstehen sollen. Es ist wichtig, dass wir die Regeln und das Erleben des inkarnierten Lebens im Bewusstsein haben. Das andere, was davor und danach ist, soll nicht im Übermaß erfahren werden, während wir in unseren Körpern sind. Es hat seinen Sinn, denn jetzt geht es eben genau darum: In unseren Körpern zu sein und das Leben zu leben. Dabei zu sehr ins Jenseits abzudriften, bereitet eher Schwierigkeiten im Leben. Menschen und auch Tiere, die sich zu sehr darin verlieren, was „dort oben" oder in irgendwelchen Zwischenwelten los sein mag, verlieren schnell die Bodenhaftung und machen es sich noch schwerer im Leben, als es sein sollte. Sie flüchten oft vor den Lektionen des Lebens und verschieben diese damit nur auf später.

Damit soll aber gesagt sein, dass alle Eindrücke, die ich hier schildere, nur im besten Wissen und Gewissen meinerseits wiedergegeben werden können. Sie sind der weltliche Versuch, das Unweltliche zu beschreiben. Dass dies schwer ist, ist der Tatsache geschuldet, dass im Hier und Jetzt andere Regeln gelten als im Jenseits. Meiner Erfahrung nach stimmt es beispielsweise, dass im Jenseits Raum und Zeit nicht vorkommen. Und doch, aus meinem weltlichen Empfinden heraus, gibt es für die Übergangszeit aus dem Leben in den Tod, die nicht immer nur die Sekunde des Sterbens ist, auch noch eine räumliche und zeitliche Wahrnehmung. Deshalb sage ich Menschen, deren Pferd gerade erst gestorben ist und die sich ein Pferdegespräch wünschen, dass es Sinn macht, ein paar Wochen damit zu warten. Dann gibt es keine Vermischungen mehr zwischen der Zeit im Körper und der danach. Auch wird es für den betroffenen Menschen leichter, wenn er sich einige Tage an den Tod seines Tieres gewöhnen konnte, um nicht nur zu weinen, wenn wir das Pferdegespräch führen.

Früher war ich ein Mensch, der es als sehr kitschig und menschliches Wunschdenken verurteilt hätte, wenn jemand vom „Weg ins Licht“ oder Ähnlichem berichtet hätte. Durch die Pferde- und Tiergespräche aber habe ich tatsächlich vieles gesehen und wahrgenommen, was mit Dingen übereinstimmt, die aus genau dieser Ecke kommen. Beispielsweise scheint es so zu sein, dass, wenn wir sterben, es eine Orientierung nach oben gibt, sobald die Seele den Körper verlassen hat. Der Moment des tatsächlichen Ausstiegs zeigt sich meist wie ein sehr leises „Plopp“, in seiner Fragilität wie eine zerplatzende Seifenblase. Das ist der Moment, in dem die Seele den Körper verlässt. Und danach, durch die damit gewonnene Leichtigkeit, passiert eine Art Aufstieg im räumlichen Sinne. Der Verstorbene kann sich dann tatsächlich selbst von oben sehen. Erst ist es der Blick von unmittelbar über dem Körper, dann von der Decke des Gebäudes und bald von noch weiter oben. Auch scheint es in der Orientierung nach oben, also himmelwärts, eine Lichtquelle zu geben, zu der sich die verstorbene Seele hinbewegt. Ich schätze, dass dies die universelle Energie, also „alles“, ist. Die ultimative Quelle allen Lebens, allen Seins, allen Wissens, aller Universen. Von dort scheinen wir zu kommen und dort scheinen wir auch wieder hinzugehen. Wenn ich mit Tieren spreche, die sterben, dann hilft es, ihnen dieses von oben kommende Licht zu zeigen und ihnen zu vermitteln, dass es in Ordnung ist, dort hinzugehen. Es scheint auch zu helfen, wenn ich für ihren Übergang ein Licht bei mir anzünde, also eine Kerze, damit das Licht von hier sich mit dem telepathisch visualisierten, von oben kommenden Licht verbindet, als Wegweiser von hier nach dort. Ich mache gern eine energetische Fernbehandlung im Moment des Sterbens, um den Übergang noch zu erleichtern. Meistens spüre ich dann in meinen

Händen, wann der Moment stattgefunden hat, in dem das Tier den Körper verlassen hat, denn der Energiefluss lässt dann deutlich nach.

Je nachdem, wie die Umstände des Todes waren, wie sehr sich ein Wesen mit seinem Tod vorab auseinandergesetzt hat und von vielen anderen Faktoren abhängig, kann eine Seele etwas länger brauchen, um den Zustand anzunehmen, dass sie nun aus dem Körper gegangen ist. Verunfallte oder schnell eingeschläferte Tiere brauchen beispielsweise oft etwas länger, um überhaupt zu verstehen, dass sie nicht mehr in ihrem Körper sind. Das ist übrigens auch der Grund, weshalb ich bei vermissten Tieren nicht mal die wichtige Frage, ob sie noch leben oder nicht, sicher beantworten kann. Es kann sein, dass ein plötzlich verstorbenes Tier selbst noch nicht verstanden hat, was passiert ist.

Wenn der Körper dann verlassen ist, kann es für den hinterbliebenen Menschen schwer sein, sich sofort von dem nun seelenlosen Tierkörper zu trennen. Die Idee, den Abdecker das lang geliebte Pferd direkt unliebsam abholen zu lassen, schmerzt manchen Pferdebesitzer. Der Grund dafür ist nicht etwa Sentimentalität, sondern oftmals entspricht dieses Gefühl auch dem des verstorbenen Tieres. Es kann helfen, den Tierkörper noch eine Zeit lang offen liegen zu lassen, damit die ausgetretene Seele buchstäblich sehen kann, dass dort der leblose Körper liegt. Eine gewisse Zeit des Abschieds davon hilft dem Tier sowie auch dem Menschen und anderen Tieren seiner Herde. Jedoch gibt es auch hier die Fälle, in denen das Tier keine Zeit dafür braucht und es ihm auch egal ist, was mit seinem Körper danach passiert, weil es direkt verstanden hat, dass dieser nicht mehr seiner ist.

Ist dieser Vorgang des Übergangs abgeschlossen, also hat sich die Seele im Jenseits eingefunden, gibt es scheinbar keine Regeln mehr, an die man sich zu halten hat. Denn die von uns verstehbaren, weltlichen Regeln, Maßstäbe und Urteile entsprechen nicht dem, was im Jenseits gilt. Menschen, die sich mit dem Jenseits beschäftigen, versuchen dennoch oft, die Sache irgendwie in Regeln und Zeiten zu verpacken, vermutlich aus dem angestrengten Versuch, alles verständlicher zu machen. Vielleicht auch, um andere Menschen damit zu manipulieren. Ich kann jedenfalls ziemlich sicher sagen, dass alle Regeln, die vonseiten der Religionen oder anderen Glaubensgemeinschaften erstellt wurden, so nicht von den Tieren bestätigt werden konnten. Es gibt also weder Reihenfolgen bezüglich Wiedergeburten im Sinne von als was für ein Wesen man nach welchem Leben wiederkommen kann. Noch gibt es Zeitvorgaben, ab denen man erst mit Verstorbenen sprechen kann oder wie lange sie sich in angeblichen Zwischenwelten aufhalten. Es gibt auch keine definierten Stufen zwischen hier und dem Himmel, die nach irgendwelchen Richtlinien erreicht werden können.

Am allerwichtigsten ist es für mich aber, mit dem Mythos des „Du musst dein Tier loslassen!" aufzuräumen. Es gibt die Idee, dass verstorbene Seelen nicht „ins Licht gehen können", also den ultimativen Weg ins Jenseits nicht vollenden können, solange die hinterbliebenen Menschen diese nicht emotional und geistig loslassen würden. Das stimmt so nicht. Wie bereits erwähnt, sind Regeln oder Urteile im Jenseits nichtig. Dieses Urteil, es wäre demnach schlecht, sein Tier nicht loszulassen, ist also schon mal überflüssig. Der ganze Sinn am Sterben ist es, aus dieser Welt auszutreten. Man geht aus dem Körper und steigt auf. Man bekommt eine übergeordnete Sicht und entfernt sich von all diesen Regeln, Zeiten und Räumen, in denen wir weltlich Denkende verharren. Das bedeutet, dass es kein „falsch" oder „richtig" für diese Seele mehr geben kann. Und auch, wenn verstorbene Tiere sich in Gesprächen noch in weltlichen Ideen austauschen können, bedeutet es nicht, dass diese Regeln noch für sie gelten würden. Ein verstorbenes Tier hat seine absolute Selbstbestimmung oder sogar noch etwas Höheres als das wiedererhalten. Wir Verbliebene sind gar nicht mehr in der Lage, ihnen etwas anzutun, was für sie nicht richtig oder sogar schädlich sein könnte. Demnach ist die Idee, man müsse das Tier loslassen, überflüssig. So habe ich es geschlussfolgert aus allen Tiergesprächen mit verstorbenen Tieren, in dem nicht ein Tier sagte, es müsste losgelassen werden, und in denen keine der Regeln zum Jenseits, die Menschen so aufgestellt hatten, sich als stimmig herausstellten. Es ist sogar ganz im Gegenteil so, dass die Tiere oft davon erzählen, dass sie manchmal gern noch „vorbeikommen“ und dann präsent bei ihren Menschen sind, und dass sie sich freuen, noch mithelfen zu können im weiteren Prozess ihres ehemaligen Besitzers. Manche Tiere haben sogar ihre Hufe und andere Gliedmaßen im Spiel, wenn es um anstehende Entscheidungen für den Menschen geht. Hierfür gibt es auch keine zeitliche Begrenzung, denn Zeit ist im Jenseits nicht existent.

Es ist vermutlich so, dass Menschen es einfach nicht lassen können, zu urteilen. Und gerade wenn es darum geht, mit emotionalen Momenten einen Umgang zu finden, neigen wir dazu, ins Schubladendenken zu verfallen, um einen geistigen Anhaltspunkt zu finden, an dem wir uns gedanklich entlanghangeln können, um dann kontrolliert damit umzugehen. Dabei ist Trauer so ein heilsamer Vorgang, der keine Regeln braucht. Und der ganz sicher nicht noch mehr Schuldgefühl braucht, als sich ein Tierhalter, dessen geliebtes Tier verstorben ist, nun auch noch nach dem Tod aufbürden muss. Es ist völlig in Ordnung, sein Tier zu vermissen, auch noch lange nach seinem Tod. Es ist nichts verkehrt daran, es zu erinnern oder mit ihm zu sprechen, wenn man es bei sich spürt. Und niemand ist verrückt oder zu sentimental, wenn er meint, sein Tier noch wahrzunehmen. Das Phänomen der Wahrnehmung, die eigentlich ja nicht mehr sein kann, kennen viele Menschen. Der Grund dafür sind nicht Halluzinationen, die wir haben, weil wir mit dem Tod nicht klarkommen. Sondern tatsächlich ist es möglich, dass unsere Tiere uns körperlos besuchen und dabei Eindrücke hinterlassen, die wir spüren oder sehen oder hören können. Manchmal sind es typische Geräusche, die das Tier zu Lebzeiten gemacht hatte, die man plötzlich hört. Manchmal ist es sein Geruch oder man erhält Botschaften von diesem Tier in anderen Dingen. Es kann sogar sein, dass unsere verstorbenen Tiere andere, bei uns lebende Tiere benutzen oder beauftragen, um unser Leben noch positiv zu beeinflussen.

Die Idee des Wiedergeborenwerdens scheint tatsächlich möglich zu sein. Viele verstorbene Tiere berichten mir davon, dass sie schon andere Tiere oder sogar Menschen waren oder werden. Es geht aber nicht so oft um dieses Thema in den Tiergesprächen mit Verstorbenen, wie viele Menschen meinen würden. Der Wunsch, sein geliebtes Tier quasi in einem neuen Körper wiederzubekommen, um sein eigenes Leben weiterhin mit diesem Wesen zu verbringen, ist sehr menschlich. Er vergisst, dass ein Leben deshalb endet, weil es abgeschlossen ist. Die Aufgabe, der Sinn der Existenz dieses Tieres hat sich damit erfüllt. Es dann in ganz ähnlicher Form wiederkommen zu lassen, weil unser Lebensprozess noch läuft, ergibt wenig Sinn. Ich kenne sogar einige Fälle von befreundeten Tierkommunikatorinnen, die meinen, ihr verstorbenes Tier wäre in einem neuen Tier wieder zu ihnen gekommen. Auch wenn ich das nicht ausschließe und es tatsächlich möglich ist, möchte ich berichten, dass die neuen Tiere dennoch ihre ganz eigene Persönlichkeit hatten und nicht einfach nur das alte Tier im neuen Gewand waren. Am Ende ist es aus meiner Sicht auch nicht mehr wichtig, ob nun genau diese Seele tatsächlich wieder körperlich an meiner Seite ist oder nicht. Ich darf meine Liebe für das verstorbene Tier an die Erinnerung haften, die ich von ihm habe. Aus meiner weltlichen Sicht gehört sie auch genau da hin. Ein neues Leben hat seine neuen Aufgaben und geht einen individuellen Weg, ganz egal, welche Seele in ihm steckt. Vielleicht ist das auch der Grund, warum die Frage von hinterbliebenen Besitzern danach, ob das Tier in einem neuen Tierkörper zurückkommen wird, nur selten mit „Ja“

beantwortet wird. Viel häufiger sagt das Tier, dass es den Menschen zur Wiedervereinigung treffen wird, wenn dieser verstorben ist. Da die Zeit dabei keine Rolle spielt, ist auch eine aus menschlicher Sicht lange Wartezeit kein Hindernis für das verstorbene Tier.

Die gesamte Thematik der Reinkarnation ist nichts, worüber ich mir viele Gedanken mache, und ich spreche auch nicht viel darüber mit Tieren. Denn wenn man sich vorstellt, dass Zeit und Raum keine Rolle spielen dort, wo Verstorbene sind, dann bedeutet dies, dass es gar kein „Dort" geben kann, und auch, dass mehrere Leben gar nicht hintereinander passieren, weil es die zeitliche Linie gar nicht gibt. Was bedeutet es also, dass Tiere und Menschen mehrere Leben haben können, wenn diese nicht hintereinander verlaufen? Es bedeutet, dass alles immer ist. Dass alles bereits passiert ist und passieren wird. Dass wir alle eins sind, dass es keine Wahrheit gibt, so, wie wir sie betrachten. Mir sind solche Gedanken schnell zu viel, und wenn ich dort weiter hineindenke, werde ich liebevoll daran erinnert, dass dies zu verstehen auch gar nicht meine Aufgabe ist. Ich lebe hier und ich lebe jetzt. Ich bin in dieser Welt, in meinem Körper und dennoch verbunden mit allem. Mein Auftrag ist es gerade, in dieser Welt die Illusion des Getrenntseins zwischen Menschen und Tieren aufzuheben. Ich diene diesem Auftrag gern und spreche mit Tieren so weit darüber, wie es für diesen Auftrag und für meine Gesprächspartner sinnvoll ist.

Es ist gut und heilsam, sich bewusst zu machen, dass der Tod nicht das Ende ist und dass unsere geliebten Tiere und Menschen über den Tod hinaus ihre Liebe mit uns teilen. Dass wir ihre Hilfe weiter beanspruchen können, wenn wir es möchten. Und das ist alles, was wir über den Tod verstehen sollten.

ABSCHIED VON MILAN

Gespräch mit Makani, 12.05.2023

Ich: „Makani, du stehst schon so toll ruhig am Aufstiegsklotz! Du kommst sofort und bist bereitwillig dabei, wenn ich Aufsteigen üben möchte. Wieso grätzt du dennoch manchmal so dabei herum?“ Makani: „Warum steigst du nicht auf?“ Ich: „Ich bin unsicher, ob du dann wirklich auch stehen bleibst und ob ich nicht zu schwer bin. Ich wollte deinen sicheren Stand erst üben, bevor ich dann ganz kurz auf dir liege, um auf der anderen Seite direkt wieder herunterzugleiten.“ Makani: „Ok, aber du kannst einfach aufsitzen. Es nervt mich, dass du dich nicht traust oder denkst, ich sei zu schwach.“ Ich: „Das verstehe ich. Du lernst immer so schnell. Das war heute erst das vierte Mal.“ Makani: „Ja, ich lerne schnell und du weißt ja, dass, wenn ich es selbst entschieden habe, dass ich etwas möchte, es dann keinen Grund gibt, lange zu verharren. Ich möchte den nächsten Schritt. Ich bin kein Babypferd mehr.“ Ich: „Ok, aber manchmal erschreckst du ja auch und bist skeptisch.“ Makani: „Nicht beim Aufsteigen. Ich habe verstanden, worum es geht, und dir schon so oft gesagt, dass ich reiten will. Du kannst einfach aufsitzen. Mach einfach.“ Ich: „Und wenn dann was Komisches passiert und du dich erschreckst und wegbockst und ich mir wehtue?“ Makani: „Das wird nicht passieren. Ich finde es aber blöd, dass Mouna immer ankommt. Sie soll nicht dabei sein, erst danach wieder.“ Ich: „Ok, ich schicke sie nächstes Mal weg. Ich werde dann mein ganzes Gewicht auf dich geben und dann trägst du mich kurz und ich steige wieder ab. Du kannst dann mal hineinfühlen, wie das ist. Ich bin sehr schwer.“ Makani: „Und ich bin sehr stark.“ Ich: „Ok, das nehme ich so an. Aber längeres Reiten, damit möchte ich warten. Ich kann sehen, dass du noch wächst, und es ist besser für deinen Körper, wenn wir damit noch warten.“ Makani: „Aha. Ich möchte das aber trotzdem ausprobieren. Herumgehen mit dir hinten drauf, dann werde ich es ja selber merken, wie das ist. Und du auch. Dann können wir neu entscheiden.“ Ich: „Ok, so machen wir es.“

Es ist der 17. Mai 2023 und Milan wirkt plötzlich unfit. Ich lasse ihn morgens frei am Strand zur Wiese laufen und stelle fest, dass er einen leichten Linksdrall hat, er hat Probleme, die Balance zu halten, und wirkt schwindelig. Ich mache ein Video davon und schicke es meiner vorherigen Tierärztin in Deutschland und beiden Pferdetierärzten in Costa Rica, die ich kenne. Meine deutsche Tierärztin sagt, dass es vermutlich etwas Neurologisches ist. Der eine Tierarzt vor Ort schätzt, Milan habe eine Hufrehe und der andere will eine Kolik sehen. Ich bin schockiert, wie sehr beide danebenliegen, und verzichte auf ihre Besuche, da sowieso keiner von ihnen gerade verfügbar wäre. Nach etwas Recherche wird schnell klar, dass Milan am sogenannten Sidewinder-Syndrom leidet. Bisher gibt es keine eindeutige Klarheit darüber, woher so etwas kommt. Dabei wirken die betroffenen Pferde irgendwie vorn und hinten versetzt, können also Vor- und Hinterhand nicht mehr in eine Spur bringen, laufen damit schräg und drehen sich sogar im Kreis. Ein Hinterbein steht meistens wie verdreht nach außen heraus. Es betrifft hauptsächlich ältere Pferde.

Der 17. Mai ist der Tag, nachdem ich das erste Mal tatsächlich auf Makani sitze. Für ihn und mich ist das ein Meilenstein, die Zeit unseres gemeinsamen Reitens hat damit begonnen. Drei Wochen später ist unsere Abreise nach Deutschland geplant, wo ich die jährliche Pferdeflüsterer Ausbildung unterrichten werde. Dass Mouna zwei Jahre zuvor währenddessen fast starb und sie letztes Jahr vier Hufgeschwüre hatte, während ich für viereinhalb Monate wieder in Deutschland diese Ausbildung unterrichtete, und dass Milan nun ankündigt, schwach zu werden, stellt mich vor ein Rätsel. Habe ich es immer noch nicht geschafft, mein Leben so zu gestalten, dass ich genügend Erholung habe? Ist es so verkehrt, überhaupt noch Kurse zu geben, obwohl ich die Teilnehmeranzahl von 32 auf 8 Menschen reduziert, die Preise erhöht und die Pausen zwischen den Modulen herausgenommen habe? Wir sind doch bloß dreieinhalb Wochen weg. Wovon sollen wir leben, wenn meine Pferde mir anscheinend zeigen, dass ich damit aufhören soll?

Als ich mit Milan über seine Symptome spreche, zeigt er mir eindeutig die Ursache. Er sagt, dass seine Arthrose im Kreuz auf die Nervenbahnen seiner Wirbelsäule drückt und er davon diese Erscheinungen hat. Später höre ich in einem Podcast mit einer Tierärztin, die gerade eine Studie zum Sidewinder-Syndrom durchführt, dass das einzige, bisher hierzu obduzierte Pferd eine Arthrose in der unteren Wirbelsäule aufwies.

Ich weiß, dass Milan Arthrose hat, seitdem ich ihn habe, damit habe ich ihn gekauft. Ein Besuch von Dr. Torp hat ihn damals beschwerdefrei gemacht, nachdem er nach ein paar gemeinsamen Jahren leichtes Lahmen in der Hinterhand zeigte. Dr. Torp sagte damals: „Die Symptome sind jetzt weg und kommen auch nicht wieder.“ Er behielt recht, bis jetzt. Es ist auch nicht so, als hätte sich das nicht angekündigt. Ich konnte auf unseren Strandreitvideos manchmal sehen, dass er unrunder lief, und auch spürte ich es manchmal beim Reiten, dass seine Galoppbewegungen kantiger wurden. Er wollte dennoch auf unsere gemeinsamen Ritte auf keinen Fall verzichten und bestand darauf, nicht geschont zu werden. Auf einem Foto von ein paar Tagen vor dem Auftreten seines Sidewinder-Syndroms sehe ich, wie mein Freund im entspannten Schritt auf Milan reitet und sich dabei mit einer Hand in den unteren Rücken fasst. Ich erinnere, dass er sagte, als er auf Milan saß, habe er dort stechenden Schmerz verspürt, aber dass dieser von Milan zu kommen schien.

Milan spricht ohne Umschweife und unaufgeregt mit mir über seine Symptome. Er ist ganz klar dabei, verfällt nicht in Angst oder Leid, zeigt seine Schmerzen, hält sie aber mit eiserner Kraft aus. Ich versuche, ihm mit Medikamenten zu helfen, aber die scheinen seinen Schwindel nur noch anzufeuern. In der Zeit vor unserem Abflug nach Deutschland hat Milan etwas bessere und wieder schlechtere Tage. Mal denke ich, jetzt geht es bergauf, aber dann zeigt es sich wieder anders. Milan ist wirklich bemüht und er möchte nicht Grund meiner Sorge sein. Obwohl er sich durch seine unkoordinierten Bewegungen manchmal im Stacheldrahtzaun verletzt, tut er immer so, als wäre nichts. Mir fällt es schwer, das mitanzusehen, aber ich weiß, dass er kein Drama mag. Ihm machen die blutenden Wunden nichts aus, also versorge ich sie nur und versuche, wegzusehen. Natürlich passe ich auf dem Paddock alles so an, dass er möglichst verletzungsfrei zusammen mit Makani und Mouna leben kann, aber ich kann ihn nicht ganz davor beschützen. Auch mit Energiebehandlungen versuche ich, ihm zu helfen. Er nimmt sie von mir gern an. Von anderen ist es eher schwierig für ihn, obwohl sich viele Menschen anbieten, weil ich über seinen Prozess in den sozialen Medien berichten darf. Es wird irgendwann zu viel, dass gefühlt jeder Zweite noch einen guten Tipp hat und ein Wundermittel weiß. Manche Leute können nicht damit umgehen, dass ich ihre Hilfe nicht möchte, und ganz besonders unter den Energiebehandlern merke ich deutlich, dass hinter den meisten Hilfsangeboten viel Ego steckt, welches meint, dem berühmten Milan und mir helfen zu müssen, weil sie dazu auserwählt wurden. Dabei ist es nur ihr Geltungsbedürfnis, welches sich in den Vordergrund spielt. Dennoch hilft es Milan, dass die Menschen ihn mit in ihre Gedanken nehmen und er viel Anerkennung und Mitgefühl bekommt. Er mag es, in der Öffentlichkeit zu stehen, und zog in den letzten Jahren viel daraus, für meine Schüler ein weiser Pferdelehrer zu sein. Dass seine Worte und seine Geschichte nun veröffentlicht wurden, half ihm, seinen Lebensauftrag zu erfüllen, und es schmeichelte ihm auch. Wichtig ist ihm dabei nur, dass ich ihn nicht in seiner körperlichen Schwäche, sondern in seiner Würde zeige, und daran halte ich mich natürlich. Abgesehen davon wäre es kaum möglich für mich, zu zeigen, wie Milan im Zick-Zack über den Strand torkelt und sich im fortgeschrittenen Stadium manchmal sogar im Kreis dreht. Dann gab die Hinterhand nach und er sackte weg. Es sah aus, als ob sich Milan hinsetzen musste. Auf dem weichen Sandstrand war das kein großes Problem, aber als es auch auf der Schotterstraße passierte, verlor ich kurz meine Contenance mit der Gesamtsituation.

Ich bekomme einen guten Rat von einer befreundeten Tierarzthelferin einer Pferdeklinik und sie besorgt mir ein gutes Medikament für Milans Arthrose. Ich bringe es aus Deutschland mit und damit geht es ihm etwas besser, er scheint dadurch weniger Schmerzen zu haben. Der Schwindel jedoch bleibt. Bevor ich flog, bat ich Milan, ein letztes Mal stark zu sein und auf seine Familie aufzupassen, während wir weg sein mussten. Er schaffte es, in dieser Zeit keine Verschlechterung zu erleben und sich ohne Klagen durch den Alltag zu kämpfen. Über den Juli und August haben wir ein paar gute Momente, dann wieder schlechte. Ich hoffe immer noch, dass Milan einen Weg einschlägt, den auch andere Pferde mit diesem Syndrom haben. Bei diesen Pferden verbessert sich ihr Zustand manchmal, sie wirken für eine Zeit lang fast normal, und dann kehren die Symptome zurück. Aber das ist nicht Milans Weg und ich weiß es seit Tag 1 seines Leidens. Ich weiß, dass er sich davon nicht erholen wird. Dass er keine Lust hat, in Schwäche zu leben. Mein Freund versucht, mich aufzumuntern, und sagt mir, dass ich doch vom Besten ausgehen sollte, damit es geschehen darf. Er hat Recht mit dieser Sichtweise, aber ich weiß einfach in mir, dass Milan sich nicht berappeln wird. Milan sagt es mir immer wieder, leise flüsternd, fast tröstend, damit ich mich daran gewöhnen kann.

Sein Prozess dauert im Endeffekt ein halbes Jahr. Ende September weiß ich sicher und akzeptiere auch in meinem Kopf, dass es nun nur noch bergab geht. Gleichzeitig entwickle ich irrationale Ängste und verliere mich in schrecklichen Szenarien, die alle passieren könnten. Ich bin nervlich am Ende und fühle mich wie zerrissen, weil ich es keinem meiner drei Pferde in diesen Zeiten recht machen kann. Makani langweilt sich auf dem Paddock, aber Milan schafft den Weg zur Weide nicht mehr. Mouna müsste dringend auf die Wiese, sie magert vor Kummer um ihren Mann immer mehr ab. Sie steht den ganzen Tag neben ihm, wenn er zu schwach und schwindelig ist, um Heu zu fressen. Sie wacht über ihn und ruht mit ihm. Sie sieht genauso krank aus wie er. Beide werden immer dünner und atmen irgendwann schwer. Ich kann nicht anders, als zu denken, dass die beiden schlimme Tropenkrankheiten haben müssen, und wochenlang schiebe ich die Tests dazu vor mir her, weil ich befürchte, sie dann im schlimmsten Fall alle drei einschläfern zu müssen. Meine Gedankenspirale dazu findet kein Ende und ich erreiche den absoluten Tiefpunkt meiner Verlustangst. Milan und Mouna sagen mir, dass sie keine dieser Krankheit haben, und als ich die Tests dann durchführe, bestätigt sich das. Davor habe ich sie auf alle möglichen Parasiten behandelt, nichts hilft, wie immer. Mouna ist behandlungsresistent und ihre Leiden sind nicht diagnostizierbar, das ist nichts Neues.

Während dieser Phase im Leben meiner Pferde und mir denke ich, dass meine Lektion dazu irgendetwas damit zu tun haben muss, dass ich lernen darf, das Machen aufzugeben. Obwohl ich zu Beginn unserer Zeit in Costa Rica dachte, und auch so lebte, dass ich nun weniger arbeiten und mehr Raum für mein privates Glück und meine Erholung haben würde, veränderte sich das schon nach einem halben Jahr im Paradies. Zu dem Zeitpunkt, als ich das erste Mal zurück nach Deutschland musste. Damals waren es noch viereinhalb Monate, die ich weg war, um die Pferdeflüsterer Ausbildung zu unterrichten. Als ich diese geplant hatte, war ich sicher, dass es nicht möglich wäre, die Ausbildung noch mehr zu verkürzen, weil meine Schüler zwischen den Modulen Zeit bräuchten, alles sacken zu lassen, was sie lernten. Und so hatte ich eine sehr harte Zeit in Deutschland, begleitet von meiner kleinen Hündin Cookie. Ich war an dem Ort zurück, von dem ich geflohen war. Es war immer noch so wenig mein Zuhause wie zum Zeitpunkt meiner Auswanderung, und der Großteil meiner Familie blieb zurück in unserer neuen Heimat. Kaum war ich in Deutschland, begannen bei mir Beziehungsprobleme und Mouna entwickelte das erste Hufgeschwür. Immer wieder die Videos zu bekommen, in denen sie so stark lahmte, dass ich wiederholt dachte, sie würde es nicht schaffen und ich müsste nach Hause fliegen und die Ausbildung, unsere finanzielle Lebensgrundlage, abbrechen, das war zermürbend. Es war wie ein schlechtes Deja-Vu des Vorjahres, nur konnte ich dieses Mal nicht wirklich für meine Stute da sein. Es machte mich sehr traurig. Auch auf materieller Ebene bekamen wir Probleme und so sprang mein Motor des Schaffens und Machens direkt wieder an. Er läuft bis heute, weil es anscheinend nicht anders geht. Ich versorge uns alle.

Als Milan begann, Schwäche zu zeigen, dachte ich, dass mein kraftvolles Macher-Pferd unsere Seelenschnittmenge heilen und verabschieden würde. Dass auch ich nun schwach werden und damit aufhören dürfte, alles für alle zu schaffen. Ich wartete auf die große Wendung im Außen, die Erlösung, die mich in die Entspannung schicken würde. Aber es tat sich nichts. Es gab keine Entspannung im Außen für mich, nur Ängste und Sorgen. Natürlich, denn die Entspannung beginnt in mir, dann erst manifestiert sie sich im Außen.

Gespräch mit Mouna, 23.10.23

Ich: „Mouna, meine Liebe. Bitte vergib mir, dass ich dich zurzeit kaum ansehen kann ohne Sorge. Dass es mir schwerfällt, dich einfach sein zu lassen."

Mouna: „Ich sehe dich." (Sie zeigt sich strahlend, von Licht umgeben, unversehrt und perfekt in ihrem Äußeren.)

Ich: „Das sieht so schön aus. Als hättest du einen Schutz aus Licht."

Mouna: „Ich brauche keinen Schutz. Das darfst du verstehen."

Ich: „Mir fällt es schwer. Ich sehe, wie du leidest. Ich versuche alles, damit es dir besser geht. Ich verliere mich in Ideen, wie es optimaler sein könnte. Dahinter steht immer ein leises Flüstern, welches sagt: ‚Du kannst es nicht. Es wird immer etwas geben, das an ihr zehrt.' Wieso zehrt so vieles an dir, Mouna? Was ist es, wieso bist du so schlecht geschützt in diesem Leben?"

Mouna: „Ich brauche keinen Schutz. Es zehrt nichts. Ich reduziere mich. Du gibst mir den Raum."

Ich: „Ich habe nicht das Gefühl, dass ich dir den Raum gebe. Gerade fällt es mir zu schwer."

Mouna: „Du hast mich immer geschützt, aber das kannst du gerade nicht spüren oder verstehen. Du hast mich geschützt und damit konnte ich sein. Du hast alles von mir abgehalten, was mich gestört hätte. Du hast alles für mich getan. Du hast mir die Weite geschenkt, immer wieder, die Freiheit, sein zu dürfen. Bei dir sein zu dürfen. Das Geschenk des Mutterseins. Der Hof, Milan, das Zusammenleben, der Strand, Makani. Dass du mich geschützt hast, hat dich geschützt. Du hast den Raum für mich geschaffen. Ich bin immer in diesem Raum, ich bin immer geschützt. Ich darf schwach sein, ich darf leiden, ich darf mich reduzieren. Weil du den Raum hältst. Aber ich brauche nicht noch mehr Schutz. Du hast alles getan. Du bist die Mutter meines inneren Kindes. Ich war deine. Aber jetzt kannst du sie selbst sein."

Ich: „Das verstehe ich nicht."

Mouna: „Doch, das verstehst du. Hab keine Angst. Es kann mir nichts mehr passieren, es kann uns nichts mehr passieren. Ich bin Milans Frau, wir sind untrennbar."

Ich: „Heißt das, dass du mit ihm gehen willst, wenn es bald so weit ist?"

Mouna: „Ja, das heißt es. Ich werde gehen. Ich habe genug gelebt, alles gelebt. Es gibt nicht noch mehr Liebe, sie ist bereits endlos. Mein Fohlen ist jetzt erwachsen, er braucht dich. Du hast alle meine Träume erfüllt. Ich bin dort angekommen, wo ich immer hinwollte. Mein Leben ist perfekt. Es ist meine Wahl, mich jetzt zu reduzieren. Du bist jetzt bereit für die nächste Stufe. Ich kann jetzt mein Lebensende wählen, weil du jetzt bereit bist, mich gehen zu lassen. Weil ich dir alles geschenkt habe, was ich dich lehren durfte und wollte. Die Weichheit, die Liebe, das Licht in dir. Das war ich, verkörpert. Ich habe es für dich gehalten und du konntest es in mir spüren, sehen und mit mir leben. Du hast alles davon in dich aufgenommen. Es braucht meinen Körper nicht mehr, ich brauche keinen Körper, um ewig weiter zu strahlen. Ich bin die Liebe, das weißt du doch."

Ich: „Ja, das weiß ich. Jetzt, wo du all das sagst, kann ich es etwas spüren. Ein kleines bisschen, den Frieden dahinter. Ich erinnere mich, dass du mir den schon oft zu vermitteln versucht hast. Aber deine Verletzlichkeit, Versehrtheit und Weichheit, die sieht für mich aus wie Ungeschütztheit und das fühlt sich für mich nicht nach Frieden an."

Mouna (schaut mich nur wissend an): „Spürst du es jetzt? Es ist alles gut. Ich darf so sein. Hab keine Angst, es kann mir nichts mehr passieren. Du darfst so sein. Lass es zu. Auch du brauchst keinen Schutz mehr. Hab keine Angst. Es kann dir nichts mehr passieren."

Dieses Gespräch mit meiner wundervollen Stute verändert mich. Mir wird klar, dass es nicht darum geht, endlich erlöst zu werden. Sondern dass es darum geht, die Ursache für meine übermäßige Leistung für meine Familie zu ergründen. Dass sie aus meinem urkindlichen, traumatisierten Bestreben kommt, für meine Tiere und liebsten Menschen alles besser zu machen, als man es für mich gemacht hatte. Als Neugeborenes wurde ich mit Verdacht auf Gelbsucht in einen Brutkasten gesteckt, dort lag ich über zwei Wochen isoliert und wurde mehrmals täglich, aber viel zu selten, von meiner Mutter zum Stillen besucht. Es soll eine lustige Anekdote sein, wenn sie erzählt, wie die Krankenschwestern immer sagten: „Ach, wie gut, dass Sie endlich kommen, Frau Seib. Ihre Tochter schreit immer so laut, bis Sie wiederkommen." Ich kann daran nichts Lustiges mehr finden. Ich schrie um mein Leben und habe als Erstes gelernt, dass ich auf dieser Welt allein bin und selbst dafür sorgen muss, zu überleben. Die Bindung zu meiner Mutter blieb auch danach eher aus. Anscheinend war es auch für meine Mutter traumatisierend, ihr Baby nach der Geburt nicht bei sich haben zu können, aber das ist nur ein Erklärungsversuch. Meine gesamte Persönlichkeit scheint darauf zu basieren, was ich als Kind erlebt habe. Auch meine Stärken, dieses Bestreben, alles selbst zu machen und zu können und stark zu sein, es wurzelt in purer Verzweiflung. Auch diese vermeintlich lustige Anekdote wird gern über mich erzählt: „Dein erster Satz war: ‚Nee – ich mach das!'"

Es hat lange gedauert, bis ich das über mich gelernt hatte. Mein Kopf hat es verstanden, aber trotz einiger Therapien ist die Heilung dieses Traumas bis heute schwierig. Mein inneres Kind sucht seine Mutter noch in mir, nur manchmal bin ich in der Lage, mich an dieses wunderhübsche, süße, kleine Mädchen zu erinnern und es fest in die Arme zu nehmen und ihm all die Geborgenheit und Sicherheit zu schenken, die es verdient hat. Ich bin nicht mehr das kleine Mädchen, ich bin nun erwachsen und brauche keinen Schutz mehr. Es funktioniert nicht, aus dem Bestreben nach Schutz und Sicherheit meines inneren Kindes für meine Tiere alles zu geben, damit sie es anders haben. Natürlich bringt es einerseits mit sich, dass sie das bestmögliche Leben haben, und ihre Dankbarkeit dafür ist groß. Aber das ist nicht der Grund, warum ich das tue. Der Grund ist, dass ich versuche, an ihnen gutzumachen, was ich an mir selbst gutmachen sollte. Und wenn es nicht funktioniert, dann schaue ich direkt in meine Urängste, die mich daran erinnern, dass ich sie in mir ansehen darf. Ich fühle dann existenzielle Lebensbedrohung, und die Ängste, die ich über meine Tiere ausstehe, sind eigentlich die um mich selbst. Wenn gleich zwei meiner wunderbaren Pferde mit dem Tod liebäugeln, dann kann ich nicht mehr anders, als meiner Angst direkt ins Gesicht zu schauen.

Gespräch Milan, 26.10.2023

Ich: „Mein Milan, wie geht es dir?"

Milan: (Er zeigt mir Schwindel und wie ihn das nervt. Schmerzen im Widerrist und der Halswirbelsäule.) „Du bist sehr besorgt. Willst alles richtig machen."

Ich: „Ja, da hast du mich ertappt. Wenn du kaum gehen kannst, hinfällst und sichtlich Schmerzen hast, dann frage ich mich, wieso du das erträgst. Weißt du, dass du gehen darfst? Du musst es mir nur sagen, dass du bereit bist, dann helfe ich dir."

Milan: „Ja, das weiß ich. Ich sehne mich auch schon danach. Es ist sehr mühsam."

Ich: „Das kann ich verstehen. Es wird leichter, wenn du es geschafft hast."

Milan: „Leichtigkeit ist nichts, wonach ich strebe. Ich mag es schwer. Ich fühle mich gern."

Ich: „Ja, du bist ein Meister der Erdung und Verkörperung. Deine Kraft ist immer sehr spürbar für uns alle und für die, mit denen du Kontakt aufnimmst. Du wirst viel dafür bewundert."

Milan: „Das höre ich gern. Mein Körper ist ein guter gewesen, aber jetzt wird er schwach. Es nervt."

Ich: „Milan, hast du noch Freude?"

Milan: „Ja, sogar viel. Ich liebe es, wenn du uns fütterst. Ich liebe es, unter dem Baum im Schatten zu stehen und meine Familie um mich herum zu haben. Ich liebe den Blick aufs Wasser. Neulich habe ich dir beim Surfen zugesehen. Ich liebe es, zu spüren, dass alle da sind und alles in Ordnung ist."

Ich: „Ja, es ist wirklich alles in Ordnung. Du hast es geschafft, dass wir hier gut ankommen und unser neues Leben feiern konnten in den letzten zwei Jahren. Du hast uns geleitet, geschützt und deinen Sohn großgezogen. Du hast deine Aufgabe als Familienoberhaupt so gut gemacht, dass Makani völlig unbeschwert sein und sich selbst entdecken konnte. Und auch Mouna konnte frei sein, weil du ihr Ankerpunkt bist. Hast du Angst, die beiden allein zu lassen?"

Milan: „Sie sind nicht allein, du bist da. Makani ist jetzt bereit, noch größer zu werden. Er begleitet mich sehr gut durch diese Zeit. Er ist sehr achtsam und präsent. Es wird eine neue Ordnung geben, wenn ich weg bin. Mouna steht sowieso für sich selbst."

Ich: „Mouna leidet sehr mit dir. Es wirkt, als möchte sie auch nicht mehr lange leben."

Milan: (zeigt Mouna in Licht gehüllt) „Mouna ist geschützt. Sie kommt klar, egal, was ist. Ich glaube, sie wird noch etwas bleiben. Aber die Gedanken über den Tod, die teilen wir."

Ich: „Es ist schwer für mich, abzuwarten und nicht zu handeln. Weißt du, dass du meinen Segen hast? Weißt du, dass ich klarkommen werde ohne dich?"

Milan: „Ja, das weiß ich. Makani wird viele Aufgaben von mir übernehmen und für dich da sein. Er wird dir viel beibringen. Seitdem du das erste Mal auf ihm saßt, weiß ich, dass ich gehen darf. Er ist jetzt groß. Ich habe alles geschafft."

Ich: „Ja, du hast wirklich alles geschafft. Du hast mich getragen, durchgetragen, hast mir immer sehr viel Kraft geschenkt. Du hast mir viel beigebracht über würdevolle Freundschaft, über bedingungslose Liebe und Standhaftigkeit. Du hast deine Stute beschützt und ihr ein freies Leben geschenkt, hast die Vaterrolle übernommen und perfekt ausgefüllt. Du hast deinen Sohn großgezogen und uns hier rübergebracht. Du hast es geschafft, Milan. Dein Leben ist perfekt."

Milan: „Ja, ich habe es geschafft. Ich genieße das. Ich bin müde."

Ich: „Sag mir einfach Bescheid, Milan. Ich liebe dich."

Milan: „Gib mir noch etwas Zeit."

Ich: „Du hast alle Zeit der Welt."

Gespräch mit Makani, 27.10.23

Makani: „Ja, ich weiß schon. Und du hast es mir ja auch schon gesagt, als du drüber nachdachtest. Ich weiß, dass ich einen Freund bekomme." (Ich spüre freudige Aufregung.)

Ich (muss lächeln): „Ja, endlich, Makani. Danke, dass du so lange warten konntest. Du hättest viel eher einen Freund verdient."

Makani: „Verdient? Komische Idee. Verstehe ich nicht. Und wieso eher? Es geht doch ums Jetzt?"

Ich: „Ja, genau, es geht immer ums Jetzt. Ich weiß auch nicht, wieso ich das so sage. Ich weiß ja, dass es anders nicht ging oder richtig gewesen wäre."

Makani: „Ja, weil wir sind doch ein Team. Was hätten wir mit einem Pferd gewollt, welches gar keinen Platz bei uns gehabt hätte?"

Ich: „Ich bin froh, dass du das auch verstehst."

Makani: „Natürlich, ich höre dich doch. Und du uns. Wir sind eine Familie, wir schwingen gemeinsam. Eine Herde hat ein Herdenbewusstsein, aus dem die Entscheidungen für alle getroffen werden. Und unsere individuellen Fähigkeiten, Stärken und Bedürfnisse haben genug Platz innerhalb dieses großen Kreises, wenn wir alle präsent sind."

Ich: „Das klingt total weise. Du weißt so viel über Gemeinschaft und soziale Bindungen. Ich bin da nicht so versiert wie du. Ich bin immer eher individuell unterwegs. Außer mit euch Pferden."

Makani: „Ja, was glaubst du, was ich dir mitbringe, außer Freude?!"

Ich: „Ach so. Wow, das ist eine gute Aufgabe für mich. Gemeinschaft. Oh, Makani. Das passt, fällt mir gerade auf. Es passt für das, was kommt."

Makani: „Ich weiß."

Ich: „Du bist toll! Aber zurück zur Situation. Wie kann ich dir helfen, die Zeit gerade durchzustehen?"

Makani: „Ich brauche keine Hilfe, wir machen das alle ganz gut. Ich habe zwar Angst davor, wie es sein wird ohne Milan, weil ich ihn so liebe. Aber ich bin auch stolz darauf, dass er mir seine Aufgaben so bereitwillig überträgt. Und auf Mouna passe ich auf. Das mache ich aber schon länger und manchmal nervt es, wenn sie so abgeschirmt ist. Aber sie steht für sich selbst und es wäre mir tatsächlich etwas zu einsam, wenn ich nur mit ihr in unserer Pferdegemeinschaft weiterleben würde. Es würde alles gehen, aber ich freue mich SEHR auf einen Freund! Mit der Aussicht darauf hilfst du mir schon genug. Ich glaube sogar eher, dass ich es bin, der dir helfen wird."

Ich: „Du bist erwachsener, als ich es schon verstanden habe. Die Idee, dass deine Familie sich verändert und deine Eltern schlimmstenfalls beide gehen, ist kaum erträglich, wenn ich dabei an dich denke."

Makani: „Du denkst dabei nicht wirklich an mich, sondern an dich. Dein Schmerz ist aber nicht meiner. Ich bin geliebt, stark und beschützt aufgewachsen. Ich bin jetzt erwachsen. Es gibt keinen Grund, dich um mich zu sorgen. Bleib einfach flexibel. Nimm Tag für Tag. Immer nur einen Schritt. Aber den mit Freude, wenn du kannst."

Ich: „Danke, Makani. Wir machen das. Danke, dass du mir hilfst."
Makani zeigt sich stolz und groß im Wind mit wehender Mähne am Strand.

Noch im Oktober finden die Dreharbeiten für die Produktion meines ersten Online-Kurses „Sprich mit deinem Pferd" statt. Eine der Übungen darin ist ein Pferdegespräch mit Milan. Er ist zum Drehzeitpunkt schon recht schwach, aber er besteht darauf, Teil dieses Projekts zu sein. Ich denke, dass ich das nicht machen kann, die Menschen als erstes Tiergespräch mit einem verstorbenen Pferd sprechen zu lassen. Ich befürchte, dass viele damit nicht klarkommen werden, dass es verwirrend ist und ich eigentlich dazu erklären müsste, was der Unterschied bei Gesprächen mit verstorbenen Tieren ist. Aber tatsächlich erkläre ich meinen Schülern in den Präsenzausbildungen, dass sie dabei nichts anders machen müssen und dass die Hemmschwelle dazu unnötig ist. Milan besteht darauf, dass wir es so machen, dass er der erste Ansprechpartner ist. Ich frage ihn, ob ich irgendetwas einleitend zu der Situation sagen soll, und seine Antwort ist: „Nein, du musst einfach gar nichts dazu sagen. Ich mache das schon. Vertrau mir."

Natürlich behält er recht. Später, als er dann tatsächlich physisch gegangen ist, sprechen viele Menschen mit ihm und er drückt sich immer angemessen aus, sodass sie ihre ersten Erfolgserlebnisse feiern, ohne dabei verunsichert zu sein von dem Fakt, dass es ihn so nicht mehr gibt. Er macht es besser, als ich mir hätte ausdenken können. Er macht meistens keinen Hehl daraus, dass er tot ist und was es bedeutet. Aber er driftet auch nicht in spirituelle Sphären ab, die verwirrend sein können. Er ist bodenständig, auf den Punkt, bestärkend und hilfreich dabei. So wie immer.

Als der November kommt, baut Milan stetig ab. Er ist mittlerweile sehr dünn und bewegt sich nur noch morgens vom Unterstand zum Strand, um dort unter seinem Mandelbaum im Schatten in der

Meeresbrise zu dösen. Abends geht es wieder zurück. Manchmal schafft er den Weg am späten Nachmittag nicht mehr gut und fällt mehrmals hin. Er bleibt dann etwas liegen, bis der Schwindel sich beruhigt hat, und steht dann stoisch wieder auf. Einmal gehen wir mit Makani und den Hunden spazieren, und als wir wiederkommen, liegt Milan direkt am Zaun flach am Boden und schafft es nicht mehr aufzustehen, weil bei seinen Vorderbeinen ein Stück großes Treibholz liegt. Einen kurzen Schreckmoment lang denke ich, dass es nun nicht mehr geht. Aber als wir das Holz beiseitegeschafft und ihn einmal über den Rücken gedreht haben, steht er wie immer wieder auf und tut direkt so, als wäre nichts gewesen. Das Aufstehen funktioniert einwandfrei und er will nichts davon hören, dass er präventiv eingeschläfert werden sollte, um Unfälle zu vermeiden. Ich fühle mich manchmal schlecht damit und hoffe, dass er bald selbst zu der Erkenntnis gelangt, dass es nun gut ist. Aber dann sehe ich wieder, wie er sich über sein Futter freut, mich aus klaren, wachen Augen ansieht und wie er es genießt, dass seine Familie ihm beisteht. Wir vermeiden weitere Ausflüge mit Makani, obwohl es ihn und auch mich belastet, dass er sich auf dem Paddock mit seinen kranken Eltern seit Monaten langweilen muss.

Eines nachmittags beginnt es beim Füttern zu regnen. Mouna und Makani gehen direkt in den Unterstand und Milan versucht zu folgen. Aber er dreht sich und fällt hin. Er steht wieder auf, geht ein paar Meter, fällt ein zweites Mal hin. Er braucht am Ende fünf Pausen im Liegen nach seinen regelmäßigen Stürzen, die immer so ablaufen, dass er hinten einsackt und dann der Länge nach zu Boden geht. Er verletzt sich dabei nie und es tut ihm laut eigener Aussage auch nicht weh, aber es ist sehr schwer für mich, das mit anzusehen. Ihn da im starken, prasselnden Regen liegen zu sehen und ihm nicht helfen zu können, bricht mir das Herz. Mein starkes, wunderbares, würdevolles Pferd. Das hat er nicht verdient, in so einer Situation zu enden.

Aber Milan sieht es anders. Er bittet mich, ins Haus zu gehen und mein Mitleid für mich zu behalten. Er würde es schon schaffen. Ich höre auf ihn, komme aber alle halbe Stunde, um zu schauen. Irgendwann hat er es in den Unterstand geschafft und kaut dort stehend sein Heu. Ich bin mal wieder unfassbar beeindruckt von seiner Kraft.

Noch im November findet ein Kurs bei uns zu Hause statt. Ich gebe ein Retreat für ausgebildete Tierkommunikatorinnen. Darauf hatte ich mich so gefreut, es war mein Wunsch gewesen, hier am Strand so etwas anbieten zu können. Meine Freude hält sich nun in Grenzen und ich bange, dass Milan kurz vorher gehen wird und ich mich als Lehrerin mal wieder zusammenreißen muss, um meine Schüler nicht mit meiner Trauer zu beeinträchtigen. Es sollte doch ein schönes, magisches Wohlfühl-Retreat für sie werden.

Milan lässt mich wissen, dass er dabei sein möchte. Dass er noch ein letztes Mal als Pferdelehrer in seinem Pferdekörper agieren wird. Er sagt mir auch, dass er diese Tage, die für mich schwer erträglich sind, noch braucht, um sich zu verabschieden, alles noch einmal einzusaugen, was er liebt, und seinen Frieden mit allem zu machen. Ich kann es fast sehen, wie er das tut. Weil ich mit ihm darüber sprechen kann, ist es trotzdem gut auszuhalten für mich. Dass Milan so ein selbstbestimmter, starker, unverwüstlicher Typ ist, hilft mir regelmäßig, ihn gut passiv dabei zu begleiten. Ich weiß, dass er einem nicht leidtun muss. Milan sorgt schon für sich und ich darf seine Gegenwart genießen, solange es noch geht.

Am vorletzten Tag des Retreats stehe ich morgens in der Dusche und Milan spricht mich gedanklich an. Er sagt mir kurz und sachlich, dass er seinen Frieden nun gemacht habe. Es ist wie eine kurze, frohe Botschaft, die mich erleichtert. Darauf hatte ich gewartet, obwohl ich auch Sorgen hatte, er würde während des Retreats eingeschläfert werden müssen. Das wäre für mich ein zu großer Spagat zwischen meiner privaten Betroffenheit und der professionellen Haltung für meine Schüler geworden. Am Sonntag geht das Retreat zu Ende und am Montag baut Milan stetig ab. Am Mittwoch ist sein ungefähr 200 Meter langer Weg morgens und abends fast nicht mehr machbar für ihn. Er frisst sein Kraftfutter das erste Mal in unserer gemeinsamen Lebenszeit im Liegen, weil er wiederholt hinfällt. Während ich bei ihm wache, während er frisst, sagt er mir, dass er nun wirklich keine Lust mehr habe. Also gebe ich dem Tierarzt Bescheid, der sich für den nächsten Tag ankündigt. Schweren Herzens erkläre ich Makani und Mouna, dass Milan nun bald für immer schlafen würde. Sie verstehen sofort. Für Makani ist es gut, dass ich es ihm so noch einmal formuliere.

In der Nacht vor Milans Einschläferung träume ich von einem Pferd. Es ist ein Rappe oder Dunkelbrauner, aber Appaloosa oder Schecke, mit weißer Kruppe und Punkten. Im Traum bin ich mit ihm frei auf einem fremden Sandplatz, wir lernen uns kennen. Er zeigt sich verspielt und neugierig. Lustig, freundlich, aber auch kraftvoll und mutig. Er ist Makani im Wesen ähnlich, in seiner Energie aber doch anders, irgendwie etwas souveräner, gesetzter. Er glänzt, ist wunderschön und hat eine wehende, seidige, schwarzweiße Mähne und einen schwarzen Kopf mit kleinem, weißen Abzeichen. Er ist nicht sehr groß, aber sportlich-muskulös gebaut. Der Traum ist wie ausgeschnitten, es war sonst niemand in dem Traum dabei und nichts anderes ist wichtig. Es ist ein schöner Traum, es gibt dabei kein Gefühl des Zusammenhangs zu meinen Pferden und der derzeitigen Situation, und als ich aufwache, bin ich noch einen Moment lang fröhlich. Obwohl mir klar ist, dass dies der Tag des Abschieds von Milan ist. Es ist auch nicht so, als würde ich mir an dieser Stelle ein neues Pferd wünschen. Milans Krankheit und nun sein Ableben lösen in mir kein Bedürfnis nach einem neuen Pferd aus. Es ist eher so, dass ich froh bin, erst einmal nur zwei Pferde zu haben. Obwohl ich weiß, dass ein neues Pferd kommen wird, weil Makani einen Freund braucht, kann ich kurz danach kein fremdes Pferd fühlen oder als potenzielles, neues Familienmitglied betrachten. Für mich braucht der Prozess der Trauer und des Verstehens, dass Milan nicht mehr in seinem wunderbaren Pferdekörper ist, eine Zeit, die ich ohne solche Zukunftspläne erleben darf. Umso wunderlicher erscheint mir dieser Traum, der aus keinem Wunschdenken entstanden ist. Träume, in denen mich Tiere kontaktieren, die zu mir gehören wollen oder gehörten, fühlen sich sehr real an. Ich kann unterscheiden, ob mein Gehirn verarbeitet oder ob ich kontaktiert werde. Aber ein Appaloosa? Und dann noch nicht mal sonderlich groß. Niemals hätte ich überhaupt nur daran gedacht, mir so ein Pferd zu wünschen.

Ich gehe kurz vor Ankunft des Tierarztes am Strand spazieren und Milan sagt mir, dass er noch länger bei uns bleiben und unsere Wege mitmachen wird, wenn er körperlos ist. Danach nehme ich in Ruhe auf dem Paddock von ihm Abschied, während er von seinen beiden Liebsten eingerahmt unter dem Mandelbaum steht und döst. Er steht dort mit hängendem Kopf und ist schon nicht mehr ganz da, ist schon halb auf dem Weg aus seinem Körper. Während wir uns verabschieden, fängt Makani an, unaufhörlich zu gähnen. Das ist der Beginn seines Prozesses der Trauer um seinen „Vater“ und besten Freund. Ich binde Milan seine Lederfeder in die Mähne, die er sich gewünscht hatte. Milan sah sich immer als amerikanisches Pferd, als Pferd der Indianer. Dafür hatte er sich mal eine Feder für seine Mähne gewünscht und ich fand eine wunderbare Lederfeder, die ich ihm nun mit auf den letzten Weg gebe, so wie er gebeten hatte.

Der Tierarzt kommt. Er ist ein netter, respektvoller Mann mit einem ebenso friedlichen Gehilfen. Ich kannte die beiden vorher nicht, sie wurden mir empfohlen. Milans letzte Schritte sind schwer. Es geht schnell, dass er zu Boden geht, direkt neben seinem Baum. Dass ich als Zootierpflegerin einige Male erlebt habe, wie Tiere sterben, hilft mir nun. Ich kann ganz für Milan da sein, spreche ihm aufmunternd zu und streichle sein Gesicht, während ich seinen Kopf auf meinem Schoß habe. Er sagt mir, dass er mich hören kann, obwohl die Narkose schon gewirkt hat. Er sagt, dass er sich selbst und uns dabei sehen kann, als er seinen Körper verlässt. Makani steht dabei direkt hinter dem Tierarzt und schaut genau zu, Mouna steht wenige Meter ruhend von uns weg unter dem Baum. Danach gehen die Tierärzte und wir haben alle noch Zeit, von seinem Körper Abschied zu nehmen. Ich knie bei Milan, weine und streichle seinen Hals und seine Mähne. Makani kommt und berührt Milans Gesicht überall sanft mit seinem Maul. Er zupft vorsichtig an Milans Ohr, dann berührt er auch sein Auge und knabbert vorsichtig an der Lippe. Er benutzt dann auch seinen Huf, um Milan aufzuwecken und ihn zu bewegen, aufzustehen. Ich spreche aus: „Milan schläft nun für immer, Makani. Er wacht nicht mehr auf." Und er versteht. Kurz darauf geht er zu Mouna und ruht mit ihr.

Als ich allein mit Milans leblosen Körper und seiner nahen Seele bin, bleibt die Zeit einen Moment stehen. Ich liege weinend mit meinem Oberkörper auf Milans Schulter und streichle seine Mähne. Sein Duft ist noch da und ich nehme ihn das letzte Mal ganz bewusst auf. Ich kann durch Milans Blick sehen, wie wir dort im Sand gemeinsam liegen. Ich sehe uns von oben und auch den Strand, die Bäume, unser Grundstück und spüre, dass der Moment perfekt ist. Es ist alles gut, ein absoluter Frieden und sehr große Liebe nehmen in mir Platz. Dankbarkeit, Freiheit und eine unglaubliche Erleichterung kommen in diesem Moment von Milan.

Einige Stunden später kommt ein befreundeter Landwirt mit seinem Bagger und wir graben direkt neben Milan auf dem Strand ein großes Loch. Makani und Mouna laufen aufgeregt um uns herum. Mouna nur im Schritt, Makani lässt etwas Energie ab. Sie wollen sehen, was wir machen. Makani steht dann hinter mir und bittet mich, in das Loch hineinsehen zu dürfen. Ich bestärke ihn und trete zur Seite, damit er schauen kann. Er schaut in das Loch, dann tritt er zu Milan hinüber und berührt ihn wieder. Er macht sich etwas Sorgen, dass der große Bagger Milan etwas tut. Ich sage Makani, dass Milans für immer schlafender Körper hier gleich in das Loch gebettet wird, und er findet das in Ordnung. Auch Mouna kommt und berührt Milan ein letztes Mal, um sich dann auch das Loch anzusehen.

Dann lassen wir Milans Körper in das Grab. Ich muss kurz wegsehen, als er tief hineinfällt, aber mein Arbeiter Nacho sagt mir, dass er friedlich daliegt. Es stimmt. Milan sieht aus, als würde er schlafen. Er sieht friedlich und geborgen aus. Makani schaut wieder zu, als wir Milan langsam vergraben. Auch Mouna steht dort. Sie sehen, wie als Letztes sein Kopf unter dem Sand verschwindet und dann wird es ruhiger. Es hilft ihnen, alles mit anzusehen.

Als der Baggerfahrer und Nacho weg sind, wiehert Makani noch einige Male, aber er hat sich schon sichtlich beruhigt. Mouna wiehert nur noch ein Mal, als würde sie Milan verabschieden. Sie schauen sich das Grab immer wieder an, drehen sich dahin um, als versicherten sie sich, dass Milan wirklich nicht mehr da ist. Dann wird es ruhig. Zum Abend finden sie sich wie immer im Unterstand zum Fressen und Schlafen ein, nun zu zweit.

Nachdem Milan es geschafft hat, erzähle ich per Sprachnachricht meiner Freundin Yvonne alles. Mir fällt der Traum wieder ein und ich berichte ihr davon. Keine drei Minuten später antwortet sie, dass sie dieses Pferd bereits bei mir wahrgenommen hat, schon seit wenigen Wochen.

Ich berichte abends noch anderen Menschen von Milans Ableben. Zu der Zeit ist es Nacht in Deutschland und meine Nachrichten gehen noch nicht durch. Es sind Menschen aus meinem Freundes- und Familienkreis, die ihn kannten und liebten. Meine Sandkastenfreundin Conzi bekommt auch eine Nachricht. Sie arbeitet in einer Pferdeklinik und hat mir mit Rat und Tat zusammen mit der Tierärztin dort zur Seite gestanden, als es Milan schlecht ging. Ihre Hündin Fini war wenige Jahre zuvor gestorben und ich hatte mit ihr ein paarmal gesprochen. Wir waren freundschaftlich verbunden. Am nächsten Tag bekomme ich von Conzi eine Nachricht: „Oh Mann... Heute Nacht war Fini zu Besuch und hat mir berichtet, dass Milan gestorben ist. Die Nachricht habe ich dann heute Morgen um 6 Uhr gelesen."

Am nächsten Tag lasse ich Makani und Mouna gegenüber von unserem Grundstück, welches sie als Paddock nutzen, auf eine kleine Grünfläche. So können sie jederzeit noch zu Milans Grab schauen und sich vergewissern. Als ich sie abends zurückbringe, gehen sie zum Grab und wiehern beide einmal laut. Danach fressen sie ruhig ihr Abendbrot. Als ich spätabends im Dunkeln noch einmal nach ihnen schaue, liegen sie im Unterstand. Die Erleichterung, die ich spüre, liegt fast wie ein alldurchdringender, frischer Duft in der Luft. Es ist keine Momentaufnahme, keine Idee oder Schlussfolgerung. Sondern ein allumfassendes, sehr deutliches Gefühl, welches über unserem Haus, über dem Pferdepaddock und in uns allen liegt. Es ist eine Dankbarkeit und Erleichterung, wie eine neue Leichtigkeit, die uns alle freier macht. Ich kann es in meinen Pferden sehen, spüren und auch in mir. Egal, ob wir traurig sind, müde, schlafend oder wach. Die Leichtigkeit geht nicht mehr weg. Ich bin sehr froh, dass dieser Zustand mit Milans Tod einhergeht. Ich hatte gehofft, dass es so kommen würde, aber erwartet hatte ich es so nicht. Alles fühlt sich so richtig an, so geordnet. Als wäre alles genau so, wie es sein soll. Es ist, als wäre eine Last von uns allen gefallen. Als wären meine Schultern jetzt freier. Es ist nicht verwunderlich, dass ich mich nach dem Stress des letzten halben Jahres nun müde fühle. Es war viel: Milans Krankheit, dann meine Reise nach Deutschland zum Unterrichten der Pferdeflüsterer Ausbildung, dann das Erschaffen meines Online-Kurses, das Filmen, Produzieren und Veröffentlichen. Dann das

Retreat für Tierkommunikatoren bei uns am Strand und direkt danach Milans Einschläferung. Natürlich ist ein Teil davon Erschöpfung, aber es fühlt sich eher so an, dass ich endlich entspannen kann. Ich und wir alle haben Milans Zustand, seine Einschränkungen, sein Leid und seinen Prozess mitgetragen. Wir alle haben unsere Seelenschnittmenge mit ihm. Wir haben jeden Tag neu geschaut, wie es gehen kann, und alles dafür getan, dass wir zusammen als Familie gut durch diese Zeit kommen.

Es ist die Erleichterung darüber, dass Milan seinen kranken, schweren Körper nun verlassen durfte. Dass der Schmerz, die Schwere, der Schwindel nun weg sind. Auch darüber, dass nun nichts mehr passieren kann. Milan kann nicht mehr hinfallen, sich die Beine dabei brechen oder in den Zaun stürzen. Es besteht nicht mehr die Gefahr, dass er liegen bleibt, ohne aufstehen zu können, und dann warten zu müssen, weil der Tierarzt vielleicht nicht am gleichen Tag kommen kann. Meine Sorgen sind weg. Mounas und Makanis Sorgen sind weg. Es ist auch Erleichterung darüber, dass wir alle wieder mobil sind und ich die Pferde wieder zur Wiese bringen und nachmittags abholen kann, damit sie die Dämmerung auf dem Strandgrundstück und die Nacht bei uns verbringen können, weil es für alle so am besten ist.

Es ist aber auch die Erleichterung darüber, dass Milan sein Leben gemeistert hat. Dass er ein würdevolles, wundervolles Leben bei uns hatte. Dass er uns und wir ihm eine zweite Lebenshälfte schenken konnten, in der er in seiner vollen Präsenz für uns alle da war. Ich schaue mir alte Fotos von ihm an und erkenne deutlicher denn je, wie sichtbar diese für mich immer spürbare, schützende, starke, standhafte Energie von ihm war. Er war ein heldenhafter Vater, Ehemann und Wächter über die ganze Familie, uns eingeschlossen. Seine Energie wird noch bei uns bleiben, aber trotzdem wird er fehlen. Er wurde 25 Jahre alt und hat wirklich alles für uns gegeben.

Den Tag darauf bringe ich Mouna und Makani zur kleinen Wiese, zu der wir über den Strand gehen. Seitdem Milan gestorben ist, zeigt sich die Sonne nicht mehr. Als wir gerade auf dem Strand sind, tut sich der Himmel an einer kleinen Stelle auf, durch die Licht fällt. Für mich ist das ein Zeichen, dass Milan bei uns ist und mit über den Strand läuft. Mouna sagt mir, dass sie traurig ist. Aber dass sie auch traurig war, als es Milan so lange so schlecht ging. Die Traurigkeit über seinen Zustand ist nun weg, so sagt sie es mir. Und das erleichtert auch sie. Makani macht ein paar Bocksprünge über den Strand, ihm haben die Wege so sehr gefehlt. Er läuft dann frei und schaut sich alles an. Abends, auf dem Weg zurück über den Strand, möchte Makani so richtig losgaloppieren. So wie er es kennt aus den Zeiten, als Milan hier losgeprescht ist, immer in vollster Kraft. Aber Mouna trabt nur müde hinter ihm her und Makanis Lust auf Galoppieren vergeht direkt. Ich sehe deutlich, dass Makani einen Freund braucht. Er hat einen jungen Kumpan verdient, der freudig mit ihm spielt, das Leben genießt und mit dem er sich voll ausleben kann. Er hat mit seinen viereinhalb Jahren schon sehr viel Raum für seine Eltern gehalten. Er hat Mouna so liebevoll und stark durch ihre Krankheit begleitet, obwohl das ein abruptes Absetzen bedeutete, als er zwei Jahre alt war. Er war einfach stark. Er hat auch akzeptiert, als Milan zu alt wurde, um mit ihm zu spielen. Obwohl er nur mit seinen Eltern aufgewachsen ist, ist er ein hochsozialer Typ geworden. Er kümmert sich um alle, hält alle zusammen und vermittelt gut. Er kennt andere Pferde nur durch den Zaun von unseren Pferdeflüsterer Ausbildungen, als wir diese auf unserem Hof in Schleswig-Holstein gaben. Er war immer sehr neugierig auf die anderen Pferde und ich weiß, dass er dazu gemacht ist, Verantwortung in einer Herde zu tragen. Milan hat sie ihm sehr gut beigebracht, aber Makani wird sie mit weniger Ernsthaftigkeit und zwangloser ausführen können, wenn es mal so weit ist. Fürs Erste muss nun ein Freund her.

Schon am dritten Tag nach Milans Abschied kann ich auch sehen, dass Makani nicht mehr das Babypferd ist. Seit seinem vierten Geburtstag möchte er von mir so auch nicht mehr genannt werden. Meine Angst, dass er nach Milans Tod verloren wirken oder unsicher sein würde, bleibt unerfüllt. Milans Energie war sehr stark, sehr männlich. Wir alle haben uns daran angelehnt. Mouna ist sehr weich, lieb, introvertiert und nun auch traurig. Makani bekommt von ihr zwar familiäre Liebe und Zusammenhalt, darüber hinaus aber hat sie viel mit sich zu tun und wenig Kraft übrig, um Makani Sicherheit zu vermitteln. Das ist okay. Er hat sie selbst. Es ist sogar eher so, dass er Mouna nun Kraft und Sicherheit gibt. Er schaut viel nach ihr, um sicherzustellen, dass sie geschützt ist. Nicht, um selbst geschützt zu sein.

Meine beiden Pferde holen sich Kraft und Sicherheit derzeit verstärkt auch von mir. Immer, wenn ich nach ihnen sehe, freuen sie sich über mich und vergewissern sich bei mir, dass die neue Situation in Ordnung so ist und wie man sie gemeinsam meistern kann. Dass ich ein sehr wichtiges Herdenmitglied für sie bin, weiß ich, seitdem ich Mouna habe und mit ihr spreche. Jetzt kann ich es mal wieder deutlich spüren und höre es in ihren Äußerungen. Sie orientieren sich an mir. Dass ich ausstrahle, dass alles in Ordnung ist, ich den Raum halten kann für uns alle und dass ich Frieden in mir trage, macht es einfacher für sie und für uns alle. Jeder tut, was er kann, um in der Herde seinen Teil beizutragen, damit wir gemeinsam harmonisch durch diese schwere Phase kommen. Makani geht, wie immer, einfach nur den nächsten Schritt, in Freude. Und lebt seine Gefühle so, wie sie kommen. Mouna benutzt ihre allumfassende Liebe, um damit alles auszufüllen. Die Hunde trösten und verwandeln Energien, ich versuche darauf zu achten, dass ich meine Ruhe bekomme.

Wenn ein Wesen stirbt und die Erde verlässt, dann hat das immer seinen Sinn. Manchmal ist dieser Sinn für die Hinterbliebenen erstmal schwer zu erkennen oder zu verstehen. In Milans Fall aber ist deutlich, dass er seine Aufgaben des Lebens bei uns erfüllt hat und sie erfolgreich abschließen konnte, um sich dann zu verabschieden. Es ist kein Zufall, dass er noch fast zwei Jahre seine Herde mit wehender Mähne über den Strand hat laufen lassen, mir dabei die absolute Traumerfüllung geschenkt hat. Dass er sichergestellt hat, dass seine Familie hier gut ankommt, sich einlebt und wir uns hier zuhause fühlen konnten, bevor er ging. Es ist natürlich auch gar kein Zufall, dass Makani nun erwachsen ist und Milan genau an dem Tag, als ich das erste Mal richtig auf Makani saß, krank wurde. Das war kurz nach Makanis viertem Geburtstag. Milan hat alles so hinterlassen, dass seine Aufgaben abgeschlossen sind und wir ihn nun nicht mehr brauchen.

Wie sehr ich ihn brauche, gebraucht habe oder nicht, darüber mache ich mir jetzt, vier Tage nach seinem Tod, vermehrt Gedanken. Diese Erleichterung darüber, dass er es geschafft hat und sein Leben meisterhaft gelebt hat und über alles andere in Zusammenhang mit seinem Ableben, ist so groß, dass ich mich manchmal frage, wieso ich nicht viel trauriger bin. Natürlich bin ich auch traurig und natürlich wird diese Trauer auch in Wellen immer wieder auftauchen. Aber es ist eine süße Trauer. Wenn ich an ihn denke, dann ist es derzeit der Moment, wie ich zum letzten Mal seinen Duft einatmen konnte, als ich weinend über ihm lag, nachdem der Tierarzt gerade weg war und seine Seele gerade erst aus dem Körper gegangen war. Seine sehr männlich geprägte, väterlich-beschützende Rolle bei uns hat in diesem Moment ausgelöst, dass ich mich wie ein kleines Mädchen fühlte, welches den Verlust ihres großen, starken Freundes spürt, der sie durchgetragen hatte. Voller Dankbarkeit, dass Milan diese Rolle für mich ausgefüllt hat. Interessanterweise sind die Parallelen zwischen Milan und meinem Vater durchaus gegeben. Milans ausschlaggebendes Symptom für seinen Sterbeprozess war Arthrose, welche durch

Druck auf die Nerven in der unteren Wirbelsäule einen ständigen Schiefstand seines Beckens mit sich brachte. Auch mein Vater, derzeit in den Achtzigern, steht schief. Ich habe ihn zuletzt vor einem halben Jahr gesehen, und seit geraumer Zeit benutzt er einen Gehstock, um die Schiefe auszugleichen. Auf den neuesten Fotos ist er nun so schief zu sehen, dass es aussieht, als würde er gleich umkippen oder sich absichtlich weit herüberlehnen. Er hat Hüftprobleme, schon seit vielen Jahren. Auch Milan hatte seine Arthrose schon sehr lange.

Nach einer Woche beginne ich damit, Makani und Mouna zur großen Weide zu bringen. Morgens hin, abends zurück. Der Weg ist noch etwas weiter, dafür gibt es aber mehr Platz dort und unterschiedliche Pflanzen und schöne Schattenbäume. Makani ist eines morgens vorne rechts ziemlich lahm. Er ist immer sehr süß, wenn er etwas hat. Als extrovertiertes Pferdchen zeigt er das dann ganz deutlich und mag es sehr, wenn man nach ihm schaut und ihn etwas bemitleidet. Meistens sind seine Wehwehchen weniger schlimm, als sie erstmal wirken. So ist es auch dieses Mal, nach zwei Tagen ist die Lahmheit wieder weg. Aber auch Mouna lahmt ein wenig, ebenso vorne rechts. Bei ihr ist das auch ihr „schlimmer Fuß“. Die rechte Körperseite ist für Menschen und auch für Pferde mit dem „inneren Mann“ verbunden, also dem männlichen Anteil in uns. Wir alle tragen weibliche und männliche Anteile in uns. Die weiblichen sind Eigenschaften wie Empathie und Fürsorge. Die männlichen Anteile sind unter anderem so etwas wie Umsetzungskraft und Ehrgeiz. Meine Verletzungen oder körperlichen Probleme sind fast alle auf meiner rechten Körperseite. Weil mein innerer Mann oft zu viel Raum einnimmt und ich meine innere Frau vernachlässige. Auch mir tut in diesen Tagen mein rechtes Knie weh. All das passiert, während ich mir Gedanken darum mache, in welcher Form Milan nun nicht mehr bei uns ist. Welche von seinen Eigenschaften mit seinem Übergang in die körperlose Form, mit dem Abschluss seines Lebens, nun wegfallen, weil sie nicht mehr nötig sind. Wir haben alle Symptome des verlorenen, männlichen Familienmitglieds unserer Familie. Unsere Seelenschnittmengen mit Milan sortieren sich neu, um den Abschluss seines Lebens als Wachstumsprozess unseres eigenen Seelenlebens zu nutzen. Es sind Wachstumsschmerzen.

Milans Männlichkeit und damit verbundene Kraft, Macherattitüde und Durchsetzungsstärke, sein Beschützerinstinkt, das alles kam mit etwas Kontrollwahn einher. Für Milan waren ungeplante Dinge und Situationen immer ein Graus. Es fiel ihm auch schwer, in Aktion zu entspannen. Unsere Strandwege konnte er nicht so recht in Entspannung genießen, er konnte sie in schnellstem Galopp feiern und so seine Herde mit nach Hause ziehen oder sie zielgerichtet absolvieren. Er hatte immer mindestens einen Stechschritt drauf, der alles dominierte. Stehen bleiben war schwierig, und es war immer klar, dass er im Zweifelsfall seinen Dickkopf durchsetzen würde. Er wusste es halt besser. Das war für uns alle okay und wir wussten, wie man mit Milan umzugehen hatte. Aber wie viele Kompromisse ich und auch Mouna und Makani damit täglich eingingen, das wird jetzt erst klar, wo er fehlt. Makani und Mouna lassen sich Zeit am Strand, spielen in den Wellen. Wir gehen alle etwas weiter ins Meer, als es Milan geheuer war. Wir pflücken Kräuter, machen Pausen und genießen den Moment mehr. Milans liebevolle Kontrolle und seine etwas übertriebene Besorgnis haben uns schon auch das eine oder andere Mal gestresst. Wir hätten uns niemals beschwert oder es als negativ empfunden, denn sein Schutz war so wertvoll. Wir alle haben so einen männlichen Beschützer gebraucht. Mouna, als sie sich einen „Mann“ an ihrer Seite wünschte, als damals schon sehr sensible, melancholische Stute. Makani als Fohlen und Heranwachsender. Und ich. Als sehr selbstständige Frau, die gleichzeitig die männliche und weibliche Rolle in ihrem Leben ausfüllte. Die sich nie traute, sich auf einen Mann zu stützen oder sich von ihm tragen zu lassen. Meine Eltern scherzten oft, dass mir kein Mann helfen dürfte, dass ich mir nicht mal eine Tür aufhalten lassen würde. Ich wusste nie so genau, wieso das so war. Und ob es eine sich selbst erfüllende Prophezeiung war oder nicht. Aber sie hatten recht. Kein Mann durfte mich tragen oder durchtragen. Mich darauf zu verlassen, dass ein Mann etwas für mich tat, war so gut wie unmöglich. Nur Milan durfte das. Ich konnte nichts besser gebrauchen als ein stures, dickköpfiges, liebevolles, starkes, nicht brechbares Pferd wie Milan. Der es besser wusste, den ich nicht überreden konnte. Der mich einfach liebte und mir seine Regeln klarmachte, mit denen wir dann richtig viel Freude hatten, wenn er mich wie im Flug übers Land trug.

Milan durfte mich tragen und ich durfte mich von ihm tragen lassen. Es war wunderschön, meine größte Freude. Er hat mir damit eine Tür geöffnet, die ich in der Menschenwelt lange Zeit nicht aufbekam.

Zwei Wochen vor seinem Tod, direkt vor meinem elftägigen Retreat hier bei uns am Strand, stritt ich mich intensiv mit meinem Partner. Es war ein Streit, in dem Sachen gesagt und getan wurden, die zu weit gingen. Nicht zuletzt dadurch ausgelöst, dass ich es meinem Partner schwer mache, mir helfen zu lassen oder zu kommunizieren, was ich brauche. Das erste Mal in unserer sechsjährigen Beziehung verließ ich daraufhin unser Zuhause und verbrachte zwei Tage in einem Hotel, um mich zu ordnen und mir darüber klarzuwerden, was ich will, wer ich bin und wo meine Grenzen liegen. Wir konnten daraufhin sehr gut reden und ich hatte mich verändert. In mir wohnt jetzt eine neue Klarheit, Verletzlichkeit und Weichheit, die aber keinen Selbstschutz mehr braucht. Ich bin gewachsen, dabei authentischer und gefühlsbewusster geworden in der Beziehung zu meinem Partner. Der Streit war natürlich nur der Katalysator eines Prozesses, der schon länger läuft und der endlich eine neue Ausrichtung forderte. Ich bin nun mehr ich selbst und weniger in der Rolle meines inneren Kindes unterwegs, die sehr von Selbstschutz geprägt ist. Damit bin ich sicherlich noch nicht am Ende. Aber dass mein väterlich agierender Pferdemann nun nicht mehr ist, dass er seine tragende Rolle für mich nun abschließen konnte, hat damit zu tun. Zwei Wochen nach dem Streit verließ Milan seinen Körper. Ich weiß: Er braucht mich und uns nicht mehr zu beschützen und auch nicht mehr zu tragen. Mouna weiß es schon länger und Makani weiß es, seitdem er erwachsen ist. Ich kann gar nicht sagen, wie sehr ich Milan für mein inneres Kind gebraucht habe. Wie sehr er Mängel meiner Seele ausgefüllt hat, die mir jetzt erst bewusst sind. Das kleine Mädchen, das von ihm durch den Wind getragen wurde, mit Tränen in den Augen vom Tempo, das brauchte ihn dringend.

Aber nun nicht mehr.

Wenige Tage, nachdem meine beiden tagsüber wieder auf der großen Wiese grasen, keiner von beiden lahmt mehr, bittet mich Mouna, sie einfach auf der Weide zu lassen, auch nachts. Sie würde gern nachts Gras fressen und die Dämmerungsinsekten wären nicht mehr so schlimm. Ich bin überrascht, denn sie hat sich noch nie gewünscht, am frühen Abend nicht nach Hause zu kommen. Aber natürlich folge ich ihrem Wunsch und denke, es wird beiden guttun. Schon am zweiten Tag aber merke ich, dass es Mouna schlechter geht.

Milan ist nun seit mittlerweile zwei Wochen nicht mehr körperlich bei uns. Die Erleichterung, die anfangs so allumfassend war, ist nun verflogen. Übrig bleiben wir Sensiblen. Mouna, Makani und ich. Wir haben es zwar genossen, ohne Milan kein Tempo mehr vorgegeben zu bekommen und spielerischer sein zu können, aber es ist auch gewöhnungsbedürftig, dass unser Schutz wegfällt. Etwas in uns allen weiß, dass er gar nicht wirklich weg ist, und die Idee, ihn zu brauchen, sowieso eine Illusion ist, weil wir uns alle selbst schützen, indem wir vertrauen. Und doch ist es manchmal schwer, sich dem hinzugeben. Die sich daraus ergebenden Wachstumsschmerzen treffen Mouna am meisten, weil für ihr Leben, für ihre Seele noch gar nicht richtig klar ist, ob sie ohne Milan weitermachen will. Es war ihr Lebensrecht, ihren Pferdemann an ihrer Seite zu haben. Sie hat schon immer bedingungslos stark ihre innere Frau, ihre weibliche Seite fokussiert und sehr einseitig ausgelebt. Mounas innerer Mann hat keinen Raum. Mit Ehrgeiz, Umsetzungskraft oder Macher-Attitüde hatte sie noch nie etwas am Hut. Dass sie kein Reitpferd ist und auch ansonsten nie viel „machen“ wollte, hat damit viel zu tun. Mounas männlicher Ausgleich für die Balance ihrer Seele war Milan in seiner verkörperten Form. Mit ihrer extremen Weiblichkeit war und ist sie damit in unserer Beziehung für mich immer ein gutes Gegengewicht zu meinem überpräsenten, inneren Mann, der mich so erschöpft. Dass Mouna so selbstverständlich ihre Weiblichkeit lebt, davon ausgeht, niemals etwas zu müssen und einfach nur die lichtvolle Liebe zu sein, hat mich immer schon fasziniert. Und mir auch geholfen, denn ich habe davon in unserer Seelenschnittmenge stark profitiert. Mouna hat auch meine Entscheidung, in diesem Leben keine Menschenkinder zu gebären, etwas ausgeglichen, indem sie ihre Mutterrolle für mich mitgelebt hat, denn ihr Sohn war mein Babypferd. Ich wäre gern mehr wie sie. Und jetzt bin ich das auch. Dass Milan uns körperlich verlassen hat, verstärkt diese Seite in mir. Das ist gut, damit komme ich mehr in meine Balance.

Mouna aber hat Probleme, immer schon kämpft sie mit körperlichen Herausforderungen, die damit zu tun haben, dass sie sich als sehr einseitig weibliches Wesen nie sehr gut verkörpert hat. Es reicht ihr, ein Lichtwesen zu sein. Im Geiste überall und bei uns, aber nie im Körper. Dabei verliert sie oft die Erdung, die Verbindung zur Materie. So instinktiv und selbstverständlich, wie sie Pferd ist, so schwer fällt es ihr aber, die pferdetypische Erdung zu halten. Sie ist eins mit der Natur und allem, was ist. Aber dabei verschwimmen in ihrem Fall die Grenzen zu sehr, sodass sie sich selbst kaum mehr als

Pferd definiert. Das kann hilfreich sein. Schmerzen machen ihr zum Beispiel nicht viel aus, sie dissoziiert dann. Dass sie zu Problemen mit ihren Hufen neigt, hat auch damit zu tun, dass sie die Erdung scheut. Dass sie ungern mit allen vier Hufen fest auf dem Boden steht, standhaft und bodenständig. Um zurück in den Körper und auf den Boden der Tatsachen zu kommen, lässt ihr Körper dann Hufrehe oder Hufgeschwüre entstehen. Mouna hat sich, solange Milan an ihrer Seite war, also den Großteil ihres Lebens, immer eher über ihn verkörpert. Milans Überpräsenz und starke, energetische Körperlichkeit, wurde von ihr wie als Ersatzkörper benutzt. Er hat sie ausgeglichen. Es ist zwar möglich, sich über einen Partner auszugleichen, aber für Pferde, Menschen und andere Wesen gilt gleichermaßen, dass uns die Seelenschnittmengen mit anderen Wesen nur dabei helfen, unsere Prozesse zu durchleben. Sie machen es leichter, unseren Lebensweg zu gehen. Aber gehen müssen wir dann doch selbst. Stützt man sich zu sehr auf den Anteil, den der Partner für einen lebt, dann erinnert einen das Leben ab und zu daran, dass dies kein Dauerzustand in unserem Leben sein sollte.

Und so verkriecht sich Mouna in ihrer Trauer, nachdem die Erleichterung verflogen ist, in die hinterste Ecke ihrer Wiese unter den großen Mangobaum, unter dem sie mit Milan immer stand. Dort bleibt sie. Reduziert die Futteraufnahme aufs Nötigste, trinkt kaum mehr etwas, wird lethargisch und entwickelt geschwollene Sehnen an allen Beinen, so wie ich sie von ihrer letzten Hufrehe, die laut ihr nie eine war, schon kenne. Makani steht ratlos daneben, wacht und sorgt sich. Manchmal streift er einsam durch die hohe Wiese und kehrt dann zu ihr zurück. Ich frage sie, ob sie nun Hilfe möchte für ihren Körper durch den Tierarzt. Wie immer verneint sie. Ich bringe ihr Wasser aus verschiedenen Quellen, auch Kokosnusswasser. Und Futter, das sie gerne frisst. Schaue zwei- oder dreimal täglich nach ihr und frage, ob sie Hufrehe hat. Mouna sagt dazu: „Ich habe keine

Hufrehe. Wässere aber bitte morgen meinen rechten Vorderhuf und behandle mich energetisch." Selbstverständlich tue ich alles für sie. Die Behandlung zeigt, wie stark sie Energie benötigt. Zum Glück helfen sogar ein paar Freunde und Kolleginnen mit und behandeln Mouna zusätzlich. Ich wässere ihren Huf und denke, dass dies wohl kühlt. Das Bein vorne rechts ist immer am stärksten bei ihr betroffen. Am nächsten Morgen geht es ihr etwas besser, aber nicht gut genug. Obwohl sie keine Behandlungen will, habe ich den Tierarzt bereits beauftragt. Ich kann verstehen, dass sie mal wieder überlegt, ob sie noch leben möchte. Aber solange sie im Raum dazwischen hängt, nicht richtig verkörpert und auch nicht richtig körperlos, werde ich alles Menschenmögliche tun, um sie zu einer Entscheidung zu bewegen. Leben oder nicht mehr leben. Alles andere ist, nicht zuletzt für Makani, nicht mehr machbar. Ich habe für mich entschieden, dass wir die halbjährige Odyssee ihrer akuten Hufrehe mit doppeltem Hufbeindurchbruch nicht wiederholen werden. Dieses Mal muss sie sich entscheiden und ich werde es ihr nicht abnehmen. Egal, welchen Weg sie wählt, wir unterstützen ihn. Sie muss nun für sich schauen, ob sie die Aufgaben des neuen Lebensabschnittes für ihre Seele noch annimmt oder ob ihr Seelenauftrag für dieses Leben damit abgeschlossen ist, dass sie uns noch hierher begleitet hat und die Familie ergänzt hat, bis Milan gehen konnte, Makani erwachsen war und ich in meiner Weiblichkeit und Schwäche mehr ankommen konnte.

Am Nachmittag kommt der Tierarzt, diagnostiziert Hufrehe, nimmt Blut ab, gibt ihr eine aufbauende Infusion und verschreibt Medikamente. Während der Arzt die Infusion legt, werden Makanis Augen immer größer. Er steht nur einen Meter daneben und sagt laut und deutlich zu meinem Freund und mir, dass er Angst hat, dass Mouna nun gleich umfällt und nie wieder aufwacht, so wie es mit Milan war. Ohne dass ich es aussprechen muss, versteht es auch mein Freund. Er geht zu Makani, krault ihm den Hals und erklärt es ihm verbal. Dann baut er ihn noch durch ein paar Mut machende Worte unter Männern auf und Makani legt seinen Kopf über seine Schulter. Später wiehert er noch einmal leise und dunkel, als der Tierarzt wieder an Mouna hantiert. Ich bin den Tränen nahe. Der Tierarzt behandelt auch ihr geplagtes Ohr. Als er ihren rechten Vorderhuf in der Hand hält, tritt plötzlich Eiter aus der Sohle, ein Abszess geht auf. Alle sind überrascht und verblüfft. Ich auch, denn dass sie keine Hufrehe habe, „so, wie Menschen Hufrehe definieren", das hatte sie mir zu Beginn ihrer halbjährlichen, unfassbar starken Hufrehe vor zwei Jahren auch gesagt. Was sie damals damit meinte, habe ich vielleicht im Ansatz begriffen. Heute geht mir ein Licht auf, die Hufwässerung war ein Einweichen.

Für dieses Mal meinte sie damit, dass sie ein Hufgeschwür hat. Ihr „Lieblingssymptom", wenn sie jemanden sehr vermisst. Als ich vier Monate in Deutschland war, hatte sie vier davon nacheinander. Vorher und nachher hatte sie gar keine. Bis jetzt, direkt nach Milans Tod.

Keine der tierärztlichen Behandlungen kann sie gutheißen. Ich aber schon, denn schon während der Infusion kann ich sehen, wie sie wieder anwesender ist und ihre Füße besser setzen kann. Zwei Tage darauf ist alles abgeschwollen und die Heilung des Abszesses entwickelt sich gut. Ich ziehe ihr einen Hufschuh an, damit sie den Weg von der Wiese zum Strand gut schafft, um mit Makani nach Hause zu kommen. Es klappt gut und sie freut sich sogar, aus ihrem Baumschatten wieder ins Licht zu kommen. Kurz vor unserem Grundstück, also ihrem Paddock, wird ihr Schritt schneller. Auch Makani freut sich, anzukommen. Beide betreten unser Land, schauen simultan zu Milans Grab hinüber und dann wiehert Mouna. Beide Pferde begrüßen ihn, seinen leblosen Körper tief im Sand, und seinen Geist, der mit uns am Strand war. Ich verstehe, dass sie noch Zeit und die physische Nähe zu Milans Grab brauchen. Es ist traurig, wir sind traurig.

Mir zeigt das alles, dass der Freund von Makani nicht mehr warten kann. Der Blick und das dunkle Wiehern von ihm, als der Tierarzt Mouna behandelte, und seine Sorge, sie könnte gleich umfallen und nie mehr aufstehen, so wie Milan zuvor, war unerträglich für uns alle.

MILANS BRUDER

Die Idee, ein neues Pferd in meine Familie zu holen, ist für mich sehr weit weg. Ich kann mir nicht vorstellen, die Begeisterung für ein anderes Pferd aufzubringen, und damit fehlt mir dann auch das Gefühl dafür, welches Pferd richtig für uns wäre. Für mich wäre es gerade am schönsten, die Zeit mit meinen zwei Pferden zu genießen. Schon damals wollte ich kein drittes Pferd und habe Mounas Wunsch nach einem Fohlen deshalb erst spät nachgegeben. Zwei Pferde sind nun mal handlicher als drei. Mich um drei Pferde gut zu kümmern und ihnen gerecht zu werden, das ging hier und da schon mal an meine Belastungsgrenze. Da sich die Frage aber stellt, wie lange Mouna noch bleiben möchte oder kann, komme ich nicht umhin, mich nun damit zu befassen. Für Makani, der schon längst einen jungen Freund hätte brauchen können. Nicht zuletzt aber auch für Mouna. Denn im derzeitigen Zustand bedeutet es für Mouna, dass sie Makani allein zurückließe, wenn sie nicht mehr leben wollte. Auch Mouna sollte das Recht haben, ihre Lebenszeit und das Lebensende selbst bestimmen zu können. So wie Milan es konnte. Sie soll sich nicht verpflichtet fühlen, zu bleiben, nur damit Makani ein Trauma erspart bleibt. Er muss die Chance bekommen, sich noch an ein anderes Herdenmitglied binden zu können, mit dem er sein junges Leben richtig genießen kann, sodass Mouna guten Gewissens ihre Sachen packen kann, wenn sie sich auf die Reise machen will.

Für mich bedeutet dies, dass ich jetzt schon auf die Suche gehen muss und dass es Zeit ist, Pferde ansehen zu gehen. Ich bin erschöpft, traurig und habe ein großes Ruhebedürfnis. Mir würden ein paar Monate dazwischen guttun. Aber das Leben spielt nach seinen Regeln.

Es ist Zeit, das Pferd aus meinem Traum zu finden. Ich muss es zumindest versuchen. So unwahrscheinlich es auch ist, dass ich einen sportlichen, muskulösen Pinto oder Appaloosa als Rapp-Schecken hier finde. Ich suche erstmal auch andere Wallache, die in Makanis Alter sind. Kein Pferd kommt dem nahe, was ich im Traum sah. Außer einem, auf das mich mein Hufschmied aufmerksam macht. Sicher bin ich jedoch nicht. Am Tag, als Makani und Mouna von der Wiese wieder nach Hause kommen, spreche ich mit Makani.

Ich: „Makani, mein hübsches Pferd. Ich weiß, es ist immer noch schwierig und die letzte Woche war wieder eine Herausforderung. Wie geht es dir?“

Makani: „Mir geht es ok. Milan fehlt mir, fehlt uns. Es war schön, heute auf den Paddock und an den Strand zurückzukehren. Es ist besser, wenn wir ihm nahe sind. Sein Grab zu sehen, hilft uns. Ich würde gern etwas hierbleiben.“

Ich: „Ja, das habe ich gemerkt, ihr wart beide erleichtert. Zum Glück kann Mouna wieder laufen. Ihr werdet etwas dortbleiben und nur gegenüber aufs kleine Stück Grün gehen, ok?“

Makani: „Ja, für Mouna ist es schwerer als für mich. Sie weiß nicht, wo sie mit ihrer Trauer hinsoll. Es fällt ihr schwer, sich körperlich zu spüren, sich zu erden und alles rauszulassen. Ich helfe ihr, aber manchmal ist es so isolierend mit ihr. Sie ist nicht richtig anwesend, das nervt.“

Ich: „Das kenne ich, ich bin auch etwas so, dass ich mich so isoliere, wenn mir alles zu viel ist. Das ist dann schwer für andere. Aber es geht ihr schon besser."

Ich: „Makani, was machen wir mit deinem Freund? Ich muss wissen, was du dazu sagst."

Makani: „Ich schaue immer schon mal, ob jemand am Strand entlangkommt, ob ich dort ein Pferd kommen sehe."

Ich: „Du meinst, ob da ein Pferd gelaufen kommt?"

Makani: „Ja, manchmal sind da welche."

Ich: „Ach so, du meinst, wenn hier jemand vorbeireitet?"

Makani: „Ja, vielleicht bleibt dann einfach eins hier."

Ich: „Ich glaube, ganz so einfach ist es nicht. Ich weiß, das sind die einzigen Pferde, die du hier zu sehen bekommst, und sie kommen nur sehr selten. Aber es gibt andere Pferde in diesem Land, die herkommen könnten. Ich suche gerade nach einem passenden Freund für dich und brauche deine Hilfe. Ich stelle dir einfach ein paar Fragen dazu, okay?"

Makani: „In Ordnung."

Ich: „Okay. Zu wann brauchst du einen Freund?"

Makani: „Ich weiß es nicht genau. Milan ist bei mir, aber in jung. Er ist so stark. Kann er nicht wiederkommen als Pferd?"

Ich: „Ich glaube, das geht gerade nicht. Aber er hilft uns, deinen Freund zu finden. Dann hast du einen Freund, der geistig immer dabei ist, und einen, mit dem du physisch sein kannst. Möchtest du einen starken Freund? Oder lieber einen noch jüngeren, schwachen?"

Makani: „Er soll stark sein und eine schöne, lange Mähne haben. Schwarz und stark möchte ich ihn. Und gezeichnet, aber so, wie du ihn gesehen hast."

Ich: „Das Pferd, das ich im Traum gesehen habe? Meinst du? Es ist fast unmöglich, so eins zu finden. Ich fange nun an, mir alle möglichen Pferde anzusehen, auch wenn sie nicht so aussehen. Es soll schon ein Wallach sein, richtig?"

Makani: „Ja, einen Freund. Keine Stute, nicht jetzt. Einen zum Kräftemessen, zum Rennen und Spielen und Leben."

Ich: „Und wenn er nicht genauso aussieht, wie wir beide ihn jetzt sehen? Ich könnte heute einen Fuchs anschauen, er ist stark, aber etwas traurig. Er ist so alt wie du und hat viel innere Kraft, ein bisschen wie Milan."

Makani: „Hmm, ich weiß nicht. Er riecht komisch. Ich glaube, er hat was."

Ich: „Was meinst du?"

Makani: „Es geht ihm nicht gut, er hat körperliche Probleme. Viel mit sich zu tun. Ich glaube, das ist nicht der Richtige."

Ich: „Und was ist mit dem Barockpinto-Paso-Mix?"

Makani: „Den finde ich toll." Er schnaubt, trabt aufgeregt, zeigt sich im Wettrennen mit dem Wallach am Strand.

Ich: „Ich finde ihn auch ganz gut. Er hat eine lichtvolle Präsenz und viel positive Energie und ist auch stark. Er ist nicht schwarz, sondern sehr dunkelbraun gescheckt."

Makani: „Aber die Mähne ist auch schwarz und so seidig und fliegt im Wind."

Ich: „Ja. So, wie wir es gesehen haben."

Makani: „Den Fuchs brauchst du gar nicht ansehen gehen."

Ich: „Ach, Makani, es ist schwer. Ich weiß nicht, was richtig ist. Ich bin nicht sicher, ob der Barockpinto-Mix es ist. Er heißt übrigens Manicero. Mit ‚M'. Das würde ja schon mal passen."

Makani: „Geh ihn ansehen, dann schauen wir weiter."

Ich: „Okay, Makani. Vorher schaue ich noch ein paar Spanier an auf einem netten Hof, vielleicht kennen die auch noch ein Pferd wie aus meinem Traum. Glaubst du, es könnte auch sein, dass das Pferd aus dem Traum nicht unbedingt für jetzt bestimmt ist? Und wir für jetzt auch jemand anderen holen können?"

Makani: „Das verstehe ich nicht. Es geht doch um meinen Freund?"

Ich: „Ja, genau. Aber vielleicht hast du später mehr Freunde und er kommt dann dazu."

Makani: „Nein, es geht um jetzt. Es geht um ihn. Du wirst es richtig machen für mich und für Mouna und für dich."

Ich: „Du glaubst, es ist Manicero?"

Makani: „Darauf weiß ich keine Antwort."

Ich: „Und was ist, wenn ich lange brauche, um ‚das' Pferd zu finden?"

Makani: „Dann ist das so. Ich vertraue. Du auch?"

Ich: „Ich versuche es. Danke, Makani."

Direkt nach diesem Gespräch ist es Zeit für eine Pause und einen Spaziergang mit den Hunden am Strand. Wir gehen die weite Strecke, bis zu den Steinen beim Yoga-Hotel. Als wir an einem Grundstück vorbeikommen, welches eine große Grasfläche zwischen dem Strand und dem Haus hat, sehen wir ein Pferd. Es ist eine dunkelbraune Scheckstute. Sie schaut neugierig zu uns herüber und wirkt etwas verloren. Sie hat ein langes Seil um den Hals, so wie viele Pferde, die am Straßenrand zum Weiden angebunden werden. Sicherlich hat sie sich irgendwo losgemacht und ist losgezogen. Sie sieht aus, als könnte sie Anschluss gebrauchen, hat aber gute Laune wegen ihrer neugewonnenen Freiheit und ich muss lachen. Makani hat sie vielleicht schon gesehen oder gespürt, als er meinte, es würde schon ein Pferd vorbeikommen und könnte dann bleiben. So naiv, wie es sich erst anhörte in unserem Pferdegespräch, so wahr wirkt es nun, als wir dieses Pferd sehen. Ein paar Tage später kommt auch tatsächlich ein Reiter an unserem Grundstück vorbei, als meine Pferde gerade fressen. Er reitet zum Zaun und lässt sein Pferd ein wenig zuschauen, es ist ein Braun-Schecke.

Dem Besitzer des Fuchswallachs sage ich später ab. Es bringt nichts, mir ein Pferd anzusehen, welches nicht für Makani passt. Ich bin auch erleichtert, denn mir Pferde anzusehen, die kein passendes Gefühl in mir auslösen, scheint sinnlos. Aber ich denke, dass ich die Suche irgendwie fortführen muss. Auch die Spanier auf dem netten Hof will ich nur anschauen, weil mir gefällt, wie der Hofbesitzer über seine Pferde spricht. Ich habe keines auf seinen Fotos interessant gefunden, auch wenn sie bildschön sind. Er sagt mir dann kurzfristig ab und wir verschieben unser Treffen auf die nächste Woche. Es bleibt also vorerst nur der Termin mit Manicero, dem dunkelbraun-gescheckten Barockpinto-Paso-Mix in der Hauptstadt. Wir packen die Hunde und unsere Sachen ein und buchen eine Unterkunft in der Nähe seines Stalls. Nach fünf Stunden Reisezeit dorthin treffen wir ihn noch am selben Tag. Absichtlich spreche ich Manicero nicht vorher. Ich möchte ihn erst kennenlernen und spüren, ob es sich mit ihm so anfühlt, wie in meinem Traum. Ich bitte seinen Besitzer, mir das Pferd nicht geritten zu präsentieren, sondern ihn einfach so zu zeigen. Als wir auf dem Hof ankommen, bin ich nicht überrascht, einen typisch costa-ricanischen Ort zu sehen. Die Stallgebäude sind aus Leisten und Wellblech zusammengezimmerte Knastzellen, die dunkel und mit tiefem Dach hinter der kleinen Reithalle beginnen. Der Hallenboden ist steinig und löchrig, der Sand hart. Ich gehe absichtlich nicht zu den Boxen, um nicht zu sehr mitgenommen zu werden von den vermutlich ständig eingesperrten Pferden. Manicero wird herausgeholt und auf dem Hofplatz präsentiert. Er kommt mit senkrechtem Hals heranstolziert und ist so angespannt, dass er erstarrt, als er stehen bleiben soll. Er bewegt sich überhaupt nicht und der Vorführer animiert mich, ihn anzufassen. Ich begrüße ihn, halte meine Hand hin. Er bewegt sich nicht. Ich frage, ob ich ihm eine Karotte geben darf, man sagt „Ja“. Er nimmt sie umständlich, ohne den starren Hals zu bewegen, kaut sie aber nicht. Ich sage, dass er nervös zu sein scheint, und der Mann stimmt mir zu. Ich bitte ihn, das Pferd in der Halle frei laufen zu lassen. Er versichert sich bei dem Besitzer, ob das wirklich eine gute Idee wäre. Der Besitzer stimmt zu.

Der Besitzer ist ein älterer Herr, sehr höflich und freundlich, der sehr respektvoll mit mir spricht. Er strahlt Nächstenliebe aus und hatte mir schon vorab, fast ein bisschen zu oft, versichert, wie sehr er Pferde lieben und schätzen würde und dass dieses Pferd nie misshandelt wurde. Die Fotos, die ich vorab bekam, auf denen Manicero geritten wurde, zeigten ein anderes Bild. Eng zusammengezogen mit einem langen Hebelgebiss, dazu sehr lange Sporen an den Stiefeln des Reiters, schwitzend, speichelnd und mit Ketten an den Vorderbeinen war er da zu sehen. Die Ketten dienen als Gewichte, damit er die Beine noch höher nimmt beim Traben. In Costa Rica, wie in so vielen spanisch sprechenden Ländern, sind spektakuläre Gangpferde sehr beliebt. Viele Länder haben ihre eigene Paso-Rasse. Es ist hier normal, ein Pferd so zu reiten. Die Pferdewelt ist eine Männerdomäne und die Pferde sind hier für mich scheinbar in zwei Kategorien aufgeteilt. Die eine ist die der Arbeitspferdchen. Das sind solche, die von den Rinderbauern gebraucht werden, um sich in den riesigen Weideflächen zu bewegen und die Rinder zu treiben. Sie sind klein, stabil, manchmal auch sehr schmal und werden meist relativ entspannt mit Bosal oder anderen gebisslosen Strickzäumungen geritten. Ich nehme sie im Vorbeifahren oft als relativ zufrieden wahr, weil sie mit ihrem wichtigen Job als ernstzunehmende Mitarbeiter der Bauern respektiert und wertgeschätzt werden. Sie dürfen außerdem oft mit auf den Wiesen stehen und einigermaßen pferdegerecht leben. Die andere Kategorie sind die Statussymbole. Schöne Pferde, die auf der Stelle trippelnd mit der Nase auf der Brust und durchgedrücktem Rücken schwere Männer tragen, die sich mit ihnen schmücken. Die Männer, die solche Pferde haben, reiten oder trainieren, sind nicht per se alles schlechte Menschen. Sie wissen es nur nicht besser.

Der Besitzer von Manicero glaubt tatsächlich selbst, dass sein Pferd nie etwas Schlimmes erlebt hat. Obwohl es 24 Stunden in seiner muffigen, unebenen Box stehen muss und nur drei Mal die Woche zum zusammengezogenen Reiten in dieser schrecklichen Reithalle herausgeholt wird. Es hat keinerlei Freilauf, hat keine Sozialkontakte. Man sagt mir, dass Manicero drei oder vier Jahre alt wäre, mit neun Monaten von der Mutterstute getrennt wurde und, bis er zwei war, mit zwei anderen Pferden auf der Wiese stand. Aber die Fakten dieser Geschichte variieren später, als der Besitzer sie wiederholt. Der Mann versichert mir noch mehrmals, dass er sein Pferd nicht verkaufen müsste und es nur mir verkaufen würde, auf Empfehlung meines Hufschmiedes, weil es ja bei mir das schönste Leben hätte. Ich glaube ihm.

Ich gehe also in die Halle und Manicero beginnt direkt, aufgeregt umherzulaufen. Er galoppiert, so gut er es hier kann, trabt und will immer wieder zum Ausgang in Richtung seiner Box. Ich lasse ihn, richte mich körpersprachlich immer zu ihm aus und begleite ihn nur aus der Mitte. Als er sich etwas beruhigt, gehe ich zu ihm und lasse ihn schnuppern. Er ist neugierig. Immer wieder gehe ich weg und überlasse es ihm, ob er weiteren Kontakt zu mir möchte. Wir machen das eine halbe Stunde lang und am Ende geht er frei mit mir durch die Halle, aber nie sehr weit. Er zeigt sich dabei offen, sehr fein in seinen Reaktionen, kommunikativ, extrem angespannt, nervös, etwas wütend und auch spielerisch. Allem voran aber sehr eingenordet. Er möchte alles richtig machen. Es ist für ihn ungewöhnlich, dass ich ihm so viel Raum gebe und erst einmal nichts von ihm will als eine Reaktion. Er schaut lebendig und manchmal frech aus seinen Augen. Seine Schönheit und Eleganz sind unverkennbar. Er ist größer, als ich ihn auf den Fotos geschätzt habe, aber auch irgendwie delikat im Körperbau und für mich immer noch nicht sehr groß. Nicht so kräftig, wie ich mir ein Pferd vorstelle, welches mich mit meinen 1,81 Metern und fast 80 Kilogramm Gewicht tragen könnte. Sein Rücken zeigt eine deutliche Trageschwäche und er wirkt auf mich sehr weich gefesselt in der Vorhand. Draußen stehen zehn bis fünfzehn

Menschen, die uns zuschauen, aber ich blende sie aus und nehme mir Zeit mit ihm.

Ich hatte gehofft, dass ich nach diesem ersten Treffen ein deutliches Gefühl dafür bekommen würde, ob er es ist oder nicht. Ob er das Pferd ist, was ich im Traum am Morgen vor Milans Tod traf. Von diesem Traum hatte ich mich leiten lassen und als Botschaft angenommen, dass es bald ein neues Pferd gäbe. Ob ich bereit wäre oder nicht. Manicero entsprach grob von seinem Aussehen, seiner Mähne und seiner Energie schon dem Pferd aus dem Traum, auch wenn es geträumt viel unbeschwerter wirkte. Ich fand sogar einen Punkt in seinem Fell. Aber meine innere Haltung, als ich ihn traf, war abwartend. Ich dachte, das Pferd würde mir schon zeigen, ob es zu uns gehört. Das tat es nicht. Ich hoffte, das „richtige" Gefühl würde dann von selbst kommen. Aber so war es nicht. Als ich am nächsten Morgen, unsicher, was ich gerade fühlen sollte, in unserer Unterkunft auf dem Bett sitze, nehme ich das erste Mal Kontakt zu ihm auf.

Erstes Gespräch mit Manicero, 09.12.23

Er zeigt mir, wie aufregend es ist, rauszugehen. Dass er viel sichern muss und schauen muss, was außerhalb des Reitplatzes passiert. Dass er nicht genau weiß, was ich von ihm möchte. Er möchte gut sein und wichtig.

Manicero: „Was möchtest du von mir?"

Ich: „Dich kennenlernen, mehr nicht. Ich wollte dir die Chance geben, mich kennenzulernen und dir ein Bild zu machen. Es wird überlegt, ob du zu mir und meinen Pferden kommen sollst."

Manicero: „Was heißt das?" Er wirkt verhalten.

Ich: „Ich bin Catherin. Ich habe drei Pferde. Nein, hatte. Eins war Milan. Eins ist Makani und seine Mutter Mouna."

Manicero: „Hmm, Makani. Den kenne ich schon. Der war nett."

Ich: „Ja, du wärst mit ihm zusammen, wir suchen einen Freund für ihn."

Sie berühren sich gedanklich sanft mit dem Maul. Manicero schaut zu Makani herunter.

Manicero: „Ich mag ihn, das wäre vielleicht schön."

Ich spüre, dass Manicero sehr zurückhaltend ist. Ich bekomme kaum Emotionen von ihm, er ist verhalten und etwas verschlossen, mag sich nicht so recht einlassen.

Ich: „Manicero, ich weiß, dass das hier nicht einfach ist. Du musst dich nicht öffnen. Ich bin mir noch nicht sicher, ob wir zusammengehören. Du wärst Makanis Freund, aber auch mein Pferd. Ich wünsche mir ein Pferd, das Freude am Reiten hat. Aber am Reiten zum Spaß. Keine Schmerzen, keine Enge, kein Gezappel. Nur lockeres, entspanntes Laufen, so wie du es mit anderen Pferden in Freiheit machen würdest, bloß mit mir auf dem Rücken."

Manicero: „Ich weiß gar nicht, ob ich das kann und ob ich das will."

Ich spüre, dass er überfordert ist. Er will groß und stark sein, zeigt eine innere Stärke, aber er ist unsicher. Sehr sensibel, noch sehr jung geblieben. Irgendwas stimmt aber mit seinem Alter nicht, er kann mir nichts Konkretes zu diesem Gefühl sagen.

Ich: „Manicero, was wünschst du dir für dein Leben?"

Manicero schnaubt, hält den Kopf tief. „Ich möchte die Erde wieder riechen. Ich möchte Gras fressen. Ich möchte weit blicken können."

Ich werde traurig, muss mich beherrschen, nicht in das Gefühl der Traurigkeit und Sehnsucht hineinzufallen, um ihn dann nur aus Mitleid zu kaufen. Ich wechsle das Thema und frage, ob ich in seinen Körper spüren darf. Er sagt: „Ja." Seine Zähne fühlen sich gereizt an, als würden sie vielleicht wachsen oder sich arrangieren. Ich spüre einen spannigen, krampfigen Rücken und auch feste Schultern. Er hält sich fest. Er sagt, dass er Hunger hat. Seine Vorderfesseln fühlen sich sehr weich an, auch leicht gereizt. Er fühlt sich insgesamt innerlich leicht erhitzt an, wie entzündlich. Er hat Gliederschmerzen.

Vielleicht kommt es von den Zähnen. Vielleicht ist er krank. Ich komme nicht so recht weiter. Als ich ihn reitend zu spüren versuche, werden die Symptome schlimmer.

Ich: „Manicero, bist du mein Pferd?"

Manicero: „Ich weiß es nicht. Nein. Gerade nicht. Vielleicht könnte ich es sein? Ich glaube, du musst das entscheiden."

Ich: „Danke, Manicero. Wir sehen uns nachher."

Nachdem ich Manicero gesprochen habe, wird mit klar, dass wir so nicht wirklich weiterkommen. Er ist genauso verschlossen wie ich. Zu unserem ersten Treffen bin ich wie zu einem Kundenpferd gegangen. Präsent, aber nicht privat anwesend. Meine Arbeitshaltung beinhaltet einen gewissen Schutz, der es mir ermöglicht, das Pferd vollständig wahrzunehmen, ohne die dabei sichtbaren Schicksale seiner Lebensumstände oder seiner Geschichte in mich aufzunehmen. Das ist sehr hilfreich bei Pferden, die mich brauchen, um mit ihren Menschen näher zusammenzufinden. Aber wenn ich als Privatperson mit einem so wichtigen Anliegen in dieser Haltung zu einem Pferd gehe, wird es sich mir genauso wenig öffnen, wie ich mich ihm. Meine Hoffnung, dass mir das Pferd schon zeigt, ob es passt, wird nicht erfüllt. Und das verstehe ich. Bin ich doch diejenige, die meinen Schülern beibringt, dass sie ihre Realität durch zielgerichtete Pferdegespräche und Gedanken selbst kreieren können. Mein unliebster Spruch lautet, „Es hat nicht sein sollen.", als wären wir nicht selbst Schöpfer unserer Umstände. In Bezug auf unsere Verbindung zu unseren Pferden heißt das ganz konkret, dass wir auch diejenigen sind, die den Rahmen vorgeben dürfen, damit sich unsere Pferde bei uns wohlfühlen. Zahlreiche Pferde erklären mir immer wieder, dass sie sich von ihrem Menschen wünschen, dass sie das liebevolle, friedliche und vertrauensvolle Umfeld schaffen, in dem sich beide wohlfühlen können. Vertrauen verdient man sich, es entsteht nie aus einer Erwartungshaltung.

Danach treffen wir Manicero an den zwei darauffolgenden Tagen wieder. Beim zweiten Mal werden wir fast weggeschickt, weil der Besitzer auf Reisen ist und der Stallbesitzer kurzfristig wegmusste. Wir ignorieren die kurzfristige Absage, weil wir schon auf dem Hof stehen. Außer einem uninteressierten Einsteller ist niemand dort. Als wir an der Reithalle vorbei in Richtung der Boxen gehen, entdecken wir ein totes Pferd darin. Es liegt mit dem Kopf an der Bande und ich überlege kurz, ob es in Panik dagegen rannte und sich den Hals brach. Wir mutmaßen, dass man uns deswegen absagte, damit wir das tote Pferd nicht sehen. Überall sind Fliegen, und als wir die Stallungen, wenn man sie so nennen darf, betreten, steht die Luft und uns schauen aus jeder Zelle traurige Augen an. Wir finden Manicero, nachdem wir hartnäckig bleiben und uns von einem verschlossenen Gitter nicht aufhalten lassen. Er freut sich, uns zu sehen, und wir kraulen ihn ein wenig in seiner Box und bringen ihm Möhren und Leckerlis mit, die er heute entspannt fressen kann. In seiner Box ist er ruhiger und sehr süß mit uns. Hier fühlt er sich sicherer, weil er weiß, dass er nichts tun oder richtig machen muss. Es ist gut, ihn ohne die ganzen Menschen zu treffen. Ich schaue ihm ins Maul und bin verblüfft. Die Zähne sagen mir, dass er ganz bestimmt nicht drei oder vier Jahre alt ist, sondern zwischen fünf und neun. Außerdem hat er einen deutlichen Überbiss. Ich mache Videos und Fotos. Später frage ich fünf Tierärzte, Pferdezahnärzte und andere Experten, sie bestätigen mir meinen Verdacht. Im Schnitt schätzt man ihn auf sieben. Auch nach diesem Treffen weiß ich noch immer nicht, ob Manicero unser Pferd ist. Es fällt mir schwer, zu spüren, wie ich mich mit allem fühle. Abends weiß ich nur, dass ich überfordert bin, traurig auch. Vielleicht von den Umständen bei diesem Pferd, vielleicht wegen Milan. Ich bin auch enttäuscht, dass der Besitzer nicht ehrlich mit mir war. Wer weiß, welche seiner Aussagen noch nicht stimmten. Diese Enttäuschung macht es noch schwerer.

Beim dritten Treffen ist die Nichte des Besitzers dabei. Sie tut so, als wüsste sie wirklich nicht, wie alt er sei, nicht mal ungefähr. Obwohl sie sagt, sie wäre ihn früher geritten, aber bestimmt schon seit zwei Jahren nicht mehr. Und immer nur bei ihrem Onkel, der ja zwei Pferde hätte. Das andere ist angeblich drei Jahre alt. Wir nehmen Manicero heraus und ich führe ihn etwas über die Straße, die zum Hof führt. Er darf Gras fressen und nimmt kompliziert den vielleicht ersten Apfel seines Lebens. Er ist wirklich ein süßes Pferd, aber auch stark. Ich diskutiere nicht mit ihm, als ich ihn in seinem recht aufgeregten Zustand führe, aber er beginnt schon, mich zu überholen und mir die Entscheidungen abzunehmen. Bevor es anstrengend wird, lassen wir ihn zurück in seine Box, in die er gern zurück möchte. Es gibt gerade Futter. Ich mache noch ein paar Videos im Trab auf dem Asphalt, dann fahren wir wieder.

Zurück zuhause weiß ich immer noch nicht mehr. Der Besitzer fragt nach, ich bitte ihn um Bedenkzeit und plane ein Telefonat mit ihm, um herauszufinden, was denn nun eigentlich Sache ist mit diesem Pferd. Vorher spreche ich mit Mouna.

Mouna, 11.12.23

Ich: „Liebe Mouna, wie geht es dir?“

Mouna: „Schon besser. Ich kann besser atmen. Der Schmerz ist weniger.“

Ich: „Welchen Schmerz meinst du?“

Mouna: „Den in der Brust. Die Trauer sitzt dort. Ich war lange sehr traurig wegen Milan. Es hat mir den Hals zugeschnürt, meine Brust eng gemacht. Das ist jetzt besser, dank dir.“

Ich: „Stimmt, du atmest weniger schwer. Wie gut. Was meinst du, dank mir? Inwiefern?“

Mouna: „Du hast mir Raum gegeben, sein zu dürfen. Du hast es gehalten, dass es mir so ging. Ich durfte so sein. Ich fühle mich sehr gehalten und geschützt in deinem Raum, es ist richtig schön und entspannend. Es kann mir nichts mehr passieren. Ganz egal, was ist. Ich bin sicher. Auch ohne Milan. Du vergisst das immer wieder, dass es genau das ist, was du für uns tust. Du bist wie eine Löwenmutter für deine Liebsten. Du würdest immer dafür einstehen, dass wir in unserem Sinne leben dürfen. Das ist das größte Geschenk. Dass ich sein darf. Ich weiß, du weißt das und kennst es aus deinen Gesprächen mit Kundenpferden. Aber dass es für dich gilt, für uns gilt, für mich gilt – das vergisst du immer wieder, wenn du mich anschaust."

Ich: „Ach, Mouna."

Mouna: „Ich genieße mein Leben so sehr. Es ist so erfüllt. Von dir und von mir. Du hast alle meine Träume wahr gemacht. Ich bin stolz, dass Makani so ein präsentes Pferd geworden ist, der dir so viel zurückgibt. Auch das, was ich nicht hatte. Ich bin so voller Liebe und dankbar, dass ich meine Liebe mit Milan und Makani ausleben konnte. Dass ich immer so frei mit dir bin und war. Ich liebe es, dass wir am Strand angekommen sind und ich will wirklich nichts mehr in meinem Leben. Ich habe alles. Ich bin erfüllt. So wie Milan. Es ist friedlich in mir."

Ich: „Klingt das nach Abschied?"

Mouna: „Nein, es klingt nach Frieden. Ich bin glücklich, es geht mir gut. Ich mag es, wie du dich gerade viel um mich kümmerst. Es ist schön, dass wir unsere enge Verbindung wieder mehr spüren, jetzt, wo die Sorge um Milan vergangen ist. Ich bin dir so nahe."

Ich: „Deine Augen sind so schön. Ich konnte heute Morgen wieder sehen, wie du strahlst."

Mouna: „Ja, ich strahle immer. Weil ich so erfüllt bin. Mein Licht wird nie erlöschen." Sie zeigt mir ein Bild von sich in Licht gehüllt, ihre warmen Augen strahlen, sie grinst ein wenig.

Ich: „Mouna, ich brauche deine Hilfe."

Mouna: „Nein, brauchst du nicht."

Ich: „Oh, ok. Aber deine Meinung vielleicht?"

Mouna: „Nein, auch nicht. Du kannst das selbst."

Ich: „Ok, aber du als Pferd wirst durch die Entscheidung Veränderung erfahren. Möchtest du nicht vielleicht deine Sicht kundtun, damit es klarer wird?"

Mouna: „Die Klarheit, die du dir wünschst, liegt nicht in mir. Du weißt, wie ich bin. Klar wie ein See. Aber deine Aufgabe ist es zurzeit, zu fühlen. Und immer nur nach deinem Gefühl zu handeln. Völlig ohne Kopf. Immer nur komplett nach deiner Emotion ausgerichtet zu handeln. Dann wird es automatisch richtig."

Ich: „Hm, ja. Das ist schwer für mich. Du kannst das, du machst das immer so. Und bist trotzdem so klar. Deshalb wahrscheinlich."

Mouna: „Ja, deshalb. Die Klarheit, die du in mir so bewunderst, und diese Unverrückbarkeit dem gegenüber, wer ich bin, was ich kann und will oder nicht, die kommt aus meiner Fähigkeit, uneingeschränkt zu fühlen. Du weißt, welche Nebeneffekte diese Sensibilität mit sich bringt. Das ist die andere Seite daran. Aber für mich, mein Leben, meine Familie und meine Entscheidungen hat diese Eigenschaft absolute Priorität. Du versuchst manchmal noch, deine Hypersensibilität, die du in den Momenten deiner telepathischen Arbeit so gezielt einsetzt, durch Kopf und Ego zu leiten, abzuschalten oder unter Kontrolle zu bringen. Aber so funktioniert es nicht. Ja, du hast einen starken Kopf und bist ein Macher. Aber es tut dir nicht mehr gut. Lass los, lass andere machen, lass andere entscheiden. Entscheide nur für dich, für dein Wohlbefinden, für deinen momentanen Gefühlszustand. Was fühlst du jetzt?"

Ich: „Ich fühle Überforderung. Ich fühle Trauer. Ich fühle das Bedürfnis, dir und Makani nahe zu sein und unseren Frieden zu leben. Es fällt mir schwer, etwas zu dem neuen Pferd zu spüren. Ich habe noch keinen Raum dafür."

Mouna: „Ja, genau. Priorität ist gerade, dass du deiner Trauer Raum gibst. Dass du mit uns bist."

Ich: „Ja, aber wir brauchen doch einen Freund für Makani. Er langweilt sich, er freut sich und wartet darauf, und wenn du nicht mehr sein möchtest, wäre es ein traumatischer Übergang, wenn er dann nicht schon eine andere, vierbeinige Bezugsperson hat. Und für dich ist es doch auch blöd, zu wissen, dass er komplett von dir abhängt, oder?“

Mouna: „Ist das so?“

Ich: „... Mouna, es ist schwer.“

Mouna: „Makani darf einen Freund bekommen und du auch ein neues, schönes, tolles Pferd, welches dich trägt. Aber heiße es willkommen, wenn du bereit bist. Nur das ist richtig. Alles andere richtet sich danach aus. Ich kann deine Entscheidungen nur gutheißen, wenn du sie radikal in deinem Sinne lebst. Das weißt du doch. Wenn du etwas machst, um es richtig zu machen, dann ist es schon falsch.“

Ich: „Oh, du hast so recht. Das hatte ich vergessen.“

Mouna: „Ja, weil du immer noch zu wenig im Gefühl handelst. Aber dein System legt den Schalter gerade um. Wenigstens spürst du schon, dass es so nicht geht und dass du mehr fühlen solltest.“

Ich: „Ja, aber was mache ich denn jetzt mit Manicero?“

Mouna: „Nichts. Lass es laufen. Sei hier, bei uns. Es wird sich schon zeigen.“

Ich: „Ich bin nicht sicher, ob ich das kann. Wie wäre es für dich, wenn er trotzdem bald käme?“

Mouna: „Das ist für mich nicht relevant. Nur du bist es. Ich komme klar, mir kann nichts mehr passieren. Ich bin in Frieden.“

Ich: „Mouna, wie schön. Danke! Ich liebe dich so sehr. Du hilfst mir.“

Mouna: „Ich liebe dich.“

Direkt nach diesem Gespräch frage ich auch noch Milan um Rat. Es ist unser erstes, bewusstes Gespräch nach seinem Tod. Unbewusst, oder besser gesagt, in leisen Zwischentönen, sind wir natürlich schon die ganze Zeit verbunden. Ich weiß, dass Milan in meinen Gedanken ruht, und ich weiß, dass er oft bei uns ist.

Milan, 11.12.23

Ich: „Milan, ich vermisse dich."

Milan zeigt sich mir ganz nah, körperlich nahe. Eine Szene, wie er dösend neben mir steht. Schon krank und alt, aus den letzten Monaten. Ich rieche ihn, ich höre ihn atmen und spüre seine feste, starke Präsenz.

Milan: „Es hat mir immer sehr gefallen, deine körperliche Präsenz in meiner zu haben. Es hat sich immer richtig und passend angefühlt, dich neben mir stehen oder auf mir sitzen zu haben. Es passte, wir sind verwandt. Es gehörte zusammen."

Er zeigt mir Szenen, wie ich das erste Mal zu ihm auf die Koppel ging, um ihn kennenzulernen. Wie er mich in unserem letzten Zuhause in Deutschland vom Hof trägt auf einen Ausritt. Wie ich neben ihm auf der Wiese stehe und seine Mähne richte. Ich muss weinen. Ja, es passte.

Ich: „Lange Zeit dachte ich, du würdest mich liebevoll dulden, aber zufrieden damit sein, dass ich keine Erwartungen an dich oder die Intensität unserer Beziehung hatte über das hinaus, was du selbst angeboten hattest. Ich dachte, ich wäre dir eine gute Freundin, nicht mehr. Wie sehr wir zusammengewachsen sind über die Jahre und wie groß unsere Seelenschnittmenge eigentlich war, das wird mir erst jetzt wirklich bewusst, wo du nicht mehr wirklich da bist. Ich habe jeden Moment mit dir intensiv genossen, so ist es nicht. Ich konnte auch jeden Schritt sehr genau spüren, den du in deinem Leben wieder zurück in die Liebe gemacht hast. Ich war so stolz auf dich und deine Kraft. Auf alles, was du warst und bist. Du fehlst mir so."

Milan schickt mir ein intensiv verbundenes, liebevolles Gefühl. Er zeigt mir, wie unsere Körper sich vereinen. Ich in seinen gehe. Dann sagt er, ich hätte ein Stück seiner Kraft übertragen bekommen, als er ging. Er hätte sie in mir implantiert. Dass die noch größer gewordene innere Kraft, das Resultat seines Seelenwachstums in diesem Leben, auch für mich gewachsen sei. Und ich sie nun teilweise in mir weitertrage. Er habe auch dafür gelebt, sie mir zu übertragen. Er sagt, es hätte gut geklappt. Wir wären in inniger Verbindung durch alle Prozesse gemeinsam gegangen. Er hat recht.

Milan: „Du passt gut auf Mouna auf, darüber bin ich froh. Sie ist okay. Mach dir keine großen Sorgen um sie. Ich beschütze sie. Alles, was passiert, ist in Ordnung.

Dass es dich für mich gab in diesem Leben, war wie der Schlüssel zur Tür, die ich im letzten Leben geschlossen hatte. Dich geschenkt bekommen zu haben, war etwas, worauf ich lange warten musste. Endlich die mutige, starke, kriegerische, liebevolle Menschin an meiner Seite zu haben, das war sehr erfüllend. Danke, dass du nie Angst vor mir hattest und dass ich meine Stärke leben durfte. Das war das größte Geschenk in meinem Leben."

Ich muss weinen.

Ich: „Milan, ohne dich ist alles langsamer. Stiller. Leerer. Ungeschützter."

Milan: „Aber auch friedlicher. Und der Schutz ist noch da. Manicero ist ein gutes Pferd."

Ich: „Oh, Themenwechsel. Ja, meinst du?"

Milan: „Ja. Er hat einen starken Willen, so wie ich. Er lässt sich nicht brechen. Aber er hat Glück, denn bisher hat es niemand so richtig versucht. Nicht so wie bei mir damals. Er ist noch freudig, offen und neugierig. Er hat viel Kraft und wird Schwung und Vorwärtsdrang mitbringen, so wie ich damals. Er täte Makani gut, würde ihn mehr in seine Größe bringen. Makani braucht etwas Anschwung. Den brächte Manicero mit."

Ich: „Du sprichst, als wäre er unser neues Pferd."

Milan zeigt mir, wie Manicero steigt, wunderschön ist.

Milan: „Es liegt in deiner Hand. Er würde zu Makani passen."

Ich: „Würde er auch zu mir passen? Siehst du ihn als ein Pferd, welches mich tragen könnte und welches Lust hat, mit mir zu reiten?"

Milan: „Nein. Wenn du nur einen Freund für Makani suchst, dann ist er gut. Wenn du einen Partner für dich und euch alle suchst, dann bin ich unsicher."

Nach dem Gespräch mit meinen Pferden bin ich nicht viel schlauer. Ich bitte den Besitzer von Manicero, mir Bedenkzeit zu geben, und wir machen ab, dass ich mich im Januar wieder melden darf. Da er sein Pferd nur mir verkaufen möchte, gehe ich davon aus, dass ich nun in Ruhe herausfinden darf, ob er wirklich zu uns passt. Ich plane, Manicero später erneut anzusprechen. Aber dazu kommt es nicht mehr, denn einige Tage später, noch vor Januar, bekomme ich eine kurze Nachricht vom Besitzer: „Manicero ist nun verkauft."

Meine Enttäuschung ist groß. Ich weine und habe eine schlaflose Nacht mit schlechtem Gewissen, dass ich mich nicht direkt für dieses Pferd entscheiden konnte. Ich weiß zwar nicht, wohin er gekommen ist, aber die Wahrscheinlichkeit ist groß, dass sein neues Zuhause nicht viel schöner ist als das vorherige.

Durch meine guten Kontakte bekomme ich viele Pferde in Costa Rica vorgeschlagen. Darüber bin ich mir mittlerweile sicher: Ich möchte kein Pferd importieren. Die Kosten sind einfach zu hoch, das Kennenlernen wäre zu schwierig und obwohl ich mit Pferden sprechen kann, möchte ich unser neues Pferd vorher auch physisch spüren können. Ich habe außerdem echte Hemmungen, die Pferde vorab anzusprechen und unvoreingenommen zu interviewen, die ich ansehen werde. Denn ich möchte mich davor schützen, zu schnell zu tief in ihr Schicksal einzusteigen und zu viel ihres Leids mitzunehmen. Mein Bestreben ist es auch nicht, irgendein Pferd zu retten. Es soll ein passendes Familienmitglied werden. Makanis neuer Freund und mein neuer Pferdepartner, der vielleicht auch Lust auf Reiten hat.

Ich schaue mir noch einige hochpreisige, tolle Spanier eines netten Paares an, die alle nicht zu uns passen. Auch noch einen jungen, wunderschönen Palomino-Hengst, bei dem ich vor dem Treffen schon freudig gestimmt bin, weil auch er einen Namen mit „M" trägt: Melo. Ich sehe das als Zeichen und denke, er ist es wohl. Er sieht zwar überhaupt nicht aus, wie das Pferd im Traum, aber nach der Enttäuschung mit Manicero lasse ich den Traum los und denke, dass er vielleicht doch nur ein unbedeutender Traum war.

Der schöne Hengst ist durch mangelnde Sozialisation und Isolation so verhaltensauffällig, dass er mich bei unserem ersten Treffen mehrmals angreift. Ich bin sehr erschrocken und wieder enttäuscht. Auch ihn hatte ich vorab nicht gesprochen und mir dämmert langsam, dass ich mich das einfach trauen muss, wenn ich ein Gefühl für mein neues Pferd bekommen möchte. Den armen Palomino bekomme ich noch fast vermittelt, er wäre in richtig gute Hände gekommen bei einer tollen Frau mit viel Platz, aber dann scheitert es am Preis. Obwohl auch diese Besitzer so tun, als würde es vorrangig um das Wohl des Pferdes gehen. Danach habe ich erst einmal die Nase voll von meiner Pferdesuche. Ich gebe sie auf.

Mouna geht es mittlerweile besser, sie wirkt stabiler. Morgens wiehert sie mich fröhlich an, sie frisst ihr Kraftfutter wieder ganz auf und erholt sich langsam, aber stetig von ihrem Hufgeschwür. Ihre Aufbaumittelchen scheinen ihr auch gut zu tun, und sie nimmt, sehr langsam, wieder zu. Makani ist es noch immer zu langweilig und Milan fehlt ihm. Mouna ist eher passiv. Sie kraulen sich viel, aber herumlaufen, spielen oder mal rennen, das ist mit ihr nicht möglich. Ich bitte ihn um Geduld. Er hatte schon so unendlich viel Geduld in seinem jungen Pferdeleben und hat schon viel zu viel Beistandsarbeit für seine Eltern geleistet, ohne seine Freude und Unbeschwertheit mit anderen Pferden ausleben zu können. Aber unter Druck geht es einfach nicht. Mittlerweile ist es Mitte Januar, und da ich die meiste

Zeit des Februars im Ausland sein werde, plane ich, bis zum März nichts weiter zu unternehmen.

Zu Beginn meiner Suche wurde ich Mitglied vieler Facebook-Gruppen, in denen Verkaufspferde in Costa Rica angeboten werden. Aus fast allen trete ich wieder aus, auch weil man dort vorherrschend Schlimmes zu sehen bekommt. Es ist erschreckend, wie die Menschen ihre Pferde präsentieren, und ich kann es kaum mit ansehen. Nur in zwei Gruppen, die für meine Arbeit relevant sein könnten, bleibe ich. Die Inhalte dieser Gruppen sehe ich dennoch selten in meinem Feed. Und doch stolpere ich nur wenige Tage, nachdem ich meine Suche aufgab, plötzlich über zwei Fotos eines Pferdes. Es ist ein Rapp-Schecke. Er wird angebunden von der Seite und von hinten gezeigt, die Anzeige ist brandneu. Ich kann schlecht erkennen, wie groß er ist und Punkte sehe ich auch keine in seinem Fell, aber er hat einen schwarzen Kopf. Sofort denke ich: „Das ist er." Also schreibe ich den Besitzer direkt an und frage nach der Größe seines Wallachs. Er schreibt mir direkt zurück und nennt mir das von mir gesteckte Mindestmaß für mein neues Pferd. 1,55 Meter ist er groß. Damit ist er 7 Zentimeter größer, aber genauso alt wie Makani. Ich schaue nach weiteren Fotos auf dem Profil des Mannes und sehe einige, auf denen er dieses Pferd reitet. Als ich das Gesicht des Pferdes das erste Mal dort zu sehen bekomme, bin ich sofort verliebt. Auf den meisten Fotos wird er sogar mit Bosal geritten und auf keinem ist er zusammengezogen zu sehen. Die beiden wirken harmonisch und das Pferd entspannt, manchmal sogar stolz. Er ist wunderschön und hat eine breite Brust. Ich denke: „Das ist gut, er ist kräftig. So wie Milan es war." Ich bekomme ein deutliches Gefühl davon, dass ich dieses Pferd vermutlich schnell ansehen sollte, weil es bestimmt nicht lange dauern wird, bis es verkauft ist. Der Preis ist angemessen, aber nicht sehr teuer, er soll USD 6.000,– kosten.

Zwei Tage später kann es schon losgehen. Dieses Mal mache ich es anders und spreche das Pferd vorher an. Als ich den Besitzer nach dem Namen des Pferdes frage, antwortet er: „Ich habe ihn ‚Galán' genannt."

15.01.2024 Erstes Gespräch mit Galán

Als ich ihn anspreche, möchte ich ihm eigentlich erstmal erklären, wer ich bin und was ich will. Aber es kommt nicht dazu. Er sagt sofort: „Komm!", und geht los. Also komme ich mit und gehe gedanklich mit ihm in zügigem Schritt. Ich muss ein paar Laufschritte machen, um hinterherzukommen. Er geht mit mir raus in seinen Paddock, steht dort und schaut in die Weite. Er sagt: „Siehst du das? So viel Platz, so viel Weite. Aber ich bin einsam. Gehöre nicht hierher. Das ist alles nicht meins. Ich bin hier nur zu Gast und warte sehnsüchtig darauf, dazuzugehören. Ich schaue immer an den Horizont, ob jemand für mich kommt. Und manchmal taucht dort dann mein Besitzer auf, aber er ist nie wirklich für mich hier, sondern für andere Pferde. Ich hoffe immer, dass mal jemand anderes für mich auftaucht."

Ich frage: „So wie ich, so wie wir morgen?", und er sagt: „Ja, so wie du. Ich warte darauf. Die Idee, mich zu verkaufen, steht schon länger im Raum, und es hat mich gequält, das zu wissen. Als wäre ich auf dem Abstellgleis, aber es passierte dennoch nichts. Obwohl du mich erst vor 3 Tagen gesehen hast, gibt es diese Idee schon lange. Das war nicht schön zu wissen. Deshalb möchte ich, dass sich nun bald etwas tut. Ich möchte wissen, wohin es geht. Ich bin für alles gewappnet. Ich bin stark. Ich komme schon klar. Ich habe Lust auf Neues. Alles ist besser, als zu warten und zu wissen, dass ich hier nicht hingehöre."

Ich sage: „Das verstehe ich gut, Galán. Ist das dein Name?", und er: „Nein, das ist nicht mein Name." Und ich: „Wie heißt du?", und er: „Das tut nichts zur Sache. Nenn mich Mayan. Darüber können wir später reden." Und ich: „Mayan, möchtest du zu uns?", und er: „Was für eine Frage. Glaubst du, es war Zufall, dass du mich gesehen hast und dachtest: „Das ist er!“? Nein, war es nicht. Ich habe mitgewirkt. Als die Entscheidung meines Besitzers endlich gefallen war, habe ich mitgewirkt. Ich habe mich dir auch schon längst gezeigt.“ Und ich: „Im Traum meinst du?“, und er: „Ja, im Traum. Ich bin es.“ Und ich: „Okay, mir fällt das alles etwas schwer, zu glauben. Ich habe schon so viele Pferde gesehen und dachte schon zwei Mal, ich hätte es gefunden, aber dann kam alles anders. Ich habe Angst, dass ich hier nur höre, was ich hören will, oder dass du mir nach dem Mund redest, weil du unbedingt mitwillst.“

Er schaut mich an, kritisch. Sein Blick ist tief, sein Auge dunkel und weich. Ich falle in seinen Blick und spüre dahinter Weisheit. Er sagt: „Ich bin ein Krieger. So wie Milan. Du brauchst mich.“ Und ich: „Ja, brauche ich dich? Wofür?“, und er: „Deine Kraft ist geschwächt, du bist im Zweifel. Ich bin da, um deine Urkräfte erneut zu stärken. Dich mitzunehmen, dich zu tragen.“ Und ich: „Das klingt alles etwas viel gerade. Ich möchte mich nicht in etwas verlieren. Du klingst recht überzeugend, aber ich habe Angst.“ Und er: „Wovor hast du Angst? Was soll schon passieren? Ich bin da.“ Und ich: „Ich habe Angst, die Verantwortung für ein weiteres Lebewesen zu übernehmen, ohne wirklich bereit zu sein. Ich habe auch Angst, mir etwas vorzumachen und zu meinen, ich bräuchte ein neues Pferd, obwohl ich mit zwei Pferden sehr glücklich bin.“ Und er: „Wofür hast du mich gesucht?“, und ich: „Als Freund für Makani und als Pferd, welches gern reiten möchte mit mir, falls Makani zu klein bleibt. Eigentlich weiß ich mittlerweile, dass er mich tragen kann und will, aber es wäre auch toll, noch ein weiteres Pferd zu haben, was dazu Lust hat. Aber allem voran braucht Makani einen Freund.“ Und er: „Richtig. Ich bin alles davon.“

Und ich: „Was kannst du noch über dich sagen? Ich sehe dich schon als weise und stark, irgendwie etwas erwachsener als Makani. Oder etwas ernsthafter, obwohl ihr gleich alt seid. Aber gibt es auch andere Seiten in dir?“ Mayan: „Ja, gibt es. Ich liebe es, zu spielen. Ich bin ein richtig guter Freund. Ich passe gut auf alles auf.“ Ich: „Du klingst etwas wie Milan.“ Er: „Ich bin auch etwas wie Milan. Er hat mich gerufen, er ist ein Bruder von mir. Wir sind die Indigenen. Die Eingeborenen dieses Landes, dieses Kontinents. Milan hat es dir immer gesagt, dass er amerikanisch ist, und du hast ihn nicht umsonst mit einer Lederfeder begraben. Er hat mich gerufen, deshalb bin ich dir am Tag seines Todes im Traum erschienen. Mayan heißt, dass ich ein Eingeborener bin. Ich gehöre zu euch.“

Ich: „Wow, das ist alles ganz schön bedeutsam. Ich hatte gehofft, dass wir mehr auf Pferdeleben-Ebene sprechen könnten, um herauszufinden, ob alles mit uns passt und ob deine Wünsche an dein Leben von uns erfüllbar sind.“ Und er: „Sag, was du sagen möchtest.“ Und ich: „Ok, ich habe eine Stute, Mouna.“ Und er: „Ich weiß. Ich werde gut zu ihr sein.“ Und ich: „Wirklich? Kennst du dich mit Stuten aus?“, und er: „Meine Mutter ist eine.“ Ich muss grinsen. Er: „Und weiter?“, und ich: „Makani, er sehnt sich nach einem Freund, der mit ihm spielt. Und ich brauche, dass du frei laufen kannst mit uns, aber kommst du klar mit dieser Freiheit? Wirst du dich friedlich in meine Herde einfügen und mit uns das Leben genießen können?“, und er: „Ja.“ Ich lächle. Er: „Ist noch was?“, und ich: „Du bist wunderschön. Wenn ich dich morgen treffe, dann gib mir doch ein Zeichen, dass das hier alles echt ist und dass du zu uns gehören möchtest. Ich brauche das von dir.“ Und er: „Du zweifelst zu viel. Hab keinen Zweifel an mir. Auch an dir nicht. Du wirst es wissen.“ Und ich: „Das hoffe ich, ansonsten wird dieser Zweifel nur noch größer.“ Und er: „Ich bin jetzt da.“

Am nächsten Tag fahren wir frühmorgens zu ihm. Es sind wieder fünf Stunden Fahrt und auf dem Weg zu ihm steigt meine Aufregung und Vorfreude. Ich verbinde mich mit Makani und Mouna, um die Zustimmung der beiden einzuholen, falls Mayan für mich passen sollte. Ich bekomme sie direkt. Zur Ankunft werden wir vom Besitzer und seinem Vater empfangen. Sie sind zurückhaltende Männer und man lässt mich zu Galán in die Box. Dort steht er angebunden. Der Stall ist klein, es sind vier Boxen mit einem kleinen Paddock davor in einem kleinen Dorf. Vom Paddock aus kann man durch eine Baumreihe auf dahinter liegende Wiesen sehen. In der Box nebenan steht Mayans Mutter mit einem Fohlen. Da wird mir klar, dass seine Aussage zum Umgang mit Stuten tatsächlich stimmt. Sie ist noch Teil seiner Herde.

Ich begrüße ihn und bekomme sofort ein gutes Gefühl. Er ist freundlich und neugierig und ich bitte darum, ihn draußen sehen zu dürfen. Der junge Besitzer führt ihn hinaus und lässt ihn auf dem Paddock frei. Sofort folgt mir Mayan. Er weicht mir nicht mehr von der Seite. Ich gehe ein paar Runden und er folgt. Anfangs möchte er nicht so sehr angefasst werden, aber er riecht neugierig an mir und wirkt ein bisschen nervös, obwohl er unaufgeregt ist. Er hat ein wunderhübsches, feines Gesicht und einen sanften Ausdruck in den Augen. Ich bleibe ab und zu stehen, gehe wieder los, freunde mich mit ihm an. Es ist ein zartes Kennenlernen, wir sind freudig und neugierig. Er ist immer dicht bei mir, ohne mich zu bedrängen. Auch folgt er mir nicht, weil man es ihm so beibrachte, sondern weil er wirklich bei mir sein will. Immer wieder sagt er: „Hallo! Ich bin es. Ich bin da. Hallo. Ich bin es." Es ist genauso, wie ich es in meinem Traum erlebt habe. Das Gefühl passt. Als ich ihn ansehe, finde ich sogar einen etwas verdeckten Punkt in seinem Fell. Wenigstens einen, so kann ich mir selbst besser glauben, dass er tatsächlich das Pferd aus meinem Traum ist. Der Traum, in dem ich ihn schon traf, weil Milan ihn mir geschickt hat und Mayan schon bereit war für mich und für uns.

Insgesamt macht das Pferd einen wirklich lieben und sanften Eindruck, es fühlt sich alles gut mit ihm an. Ich frage es, ob ich ihm ein Halfter anziehen darf und es bejaht meine Frage. Das Halfter ist Milans altes Halfter. Ich muss es zwei Löcher kleiner stellen, denn Milan hatte einen großen Warmblutkopf. Mayan hat einen zierlichen Kopf, dafür einen sehr muskulösen Körper mit einer ausgeprägten Quarter-Hinterhand. Er ist wirklich nicht sehr groß, dafür sehr kompakt. Auch das stimmt mit meinem Traum überein. Seine Mähne und sein Schweif sind eingeflochten, wirken etwas spärlich. Der Besitzer berichtet, dass dies nur so sei, weil er lange Zeit auf einer Wiese war, wo seine Mähne etwas gelitten hätte. Bis auf die im Wind flatternde Mähne stimmt eigentlich alles mit dem Pferd aus meinem Traum überein und wie Makani es sich wünschte. Nach ein paar Minuten ist Mayans Aufregung auch verflogen und ich darf ihn nun auch am Rücken, an der Hinterhand und am Bauch berühren. Er mag meine Berührung und ich finde es toll, ihn anzufassen.

Dann gehen wir den Feldweg mit Mayan hinunter, der an seinem Paddock vorbeiführt. Es fühlt sich direkt an, als wäre er mein Pferd. Er lässt sich selbstverständlich von mir entspannt führen, wie kein anderes Verkaufspferd zuvor. Als wir außer Sichtweite vom Stall sind, sage ich, dass ich verliebt bin in dieses Pferd, und kann nicht mehr aufhören, zu grinsen. Er ist es. Ich habe ihn gefunden. Unser neues Pferd ist Mayan. Am Ende des Weges lassen wir ihn ein wenig grasen und machen Fotos. Danach traben wir ein Stück und er ist lahmfrei. Er schnaubt fröhlich und schaut glücklich aus der Wäsche, mit einem Grasbüschel im Maul. Wir bringen ihn zurück und voller Herzklopfen verkünde ich den wartenden Männern, dass ich ihn gern kaufen würde. Mayan steht frei vor uns im Paddock, und als ich das sage, macht er einen kleinen Freundenbocksprung und wirft dabei seinen Kopf, ein kleiner Quiekser kommt auch aus ihm heraus. Ich lache und sage: „Ihm gefällt das!" Glücklicherweise stimmen mir die beiden Männer zu, als ich sage, dass ich ihn leider erst in der ersten Märzwoche holen kann, da ich vorher außer Landes bin. Bis dahin wollen sie gut auf ihn aufpassen und sie sind sehr froh, dass er zu mir kann. Sie sind anders, als die bisherigen, sich großspurig äußernden Verkäufer, die ich kennengelernt habe. Ich weiß, dass ich ihnen vertrauen kann. Die kleine Anzahlung, die ich dabeihabe, reicht ihnen. Sie wollen kein weiteres Geld, obwohl ich es ihnen anbiete. Und sie bieten an, ihn selbst zu uns zu bringen, damit sie sehen können, wo er bleibt. Als wir uns einig sind und die Hand draufgeben, wird der junge Besitzer auf einmal offener und zeigt mir freudig, womit er Mayan füttert, welches Shampoo er jeden Samstag für ihn benutzt, und er erzählt mir von seinen anderen Pferden. Er verkauft Mayan, weil er andere Nachwuchspferde in seiner kleinen Zucht hat, die nun den Platz brauchen. Ich frage ihn, ob es ihm schwerfällt, sein Pferd gehen zu lassen, und er schaut Mayan an, als er sagt: „Ja, sehr. Ich hatte ihn von klein auf. Aber als du gleich so berührt von ihm warst, hat mein Vater gesagt, wir sollen abwarten, bis du kommst, und ihn dir verkaufen, wenn du ihn nimmst. Es gab schon zwei Männer, die ihn wollten. Ich komme ihn dann später auch mal bei euch am Strand besuchen und schicke dir bis März viele Fotos. Ich passe bis dahin gut auf ihn auf."

Als wir wieder fahren, fällt mir ein Stein vom Herzen. Ich kann es noch gar nicht so recht glauben, aber wir haben unser Pferd gefunden. Zurück zu Hause berichte ich Makani am nächsten Tag morgens davon und auf dem Weg zur Wiese springt er fröhlich um mich herum.

Später bekomme ich noch die Information, dass der Vater von Mayan ein amerikanisches Painthorse ist, die Mutter ist ein Mix aus Quarterhorse und Paso. Als ich über das American Painthorse nachlese, lerne ich: Sie waren tatsächlich die „bevorzugten Pferde der amerikanischen Ureinwohner". Milans und Mayans Identität als „Indianderpferde" ist also nicht ausgedachter Kitsch, sondern in ihren Genen verankert und das ist ihnen bewusst. Ich bin zutiefst berührt.

Davon, dass Milan mir Stunden vor seinem Tod seinen Bruder schickte. Und davon, dass Mayan sich so eindeutig für uns entschieden hat und uns mit seiner ganzen Kraft unterstützen möchte.

Ich berichte direkt von meiner erfolgreich beendeten Suche auf meinen sozialen Medienprofilen und zeige Mayan. Es kommt sofort eine überwältigende Rückmeldung, wie sehr Mayan in seiner Ausstrahlung und in seiner Erscheinung Milan ähnelt. Erst, als mich alle darauf aufmerksam machen, fällt es mir selbst auch auf. Für mich sind beide recht unterschiedlich. Milan mit seinem markanten Kopf, den langen Ohren und der dunkelbraunen Grundfarbe hatte viel von seiner Warmblut-Traber-Mutter. Mayan hat den Quartereinschlag deutlich sichtbar und dazu den feinen Kopf. Seine Grundfarbe ist echtes Rappen-Schwarz und er hat eine auffälligere Scheckung. Aber als ich durch die Fotos auf meinem Handy scrolle, ertappe ich mich dabei, wie ich kurz denke, ich würde Milan sehen, als Mayans Bilder vorbeiziehen. Da weiß ich, was gemeint ist. Dass Mayan teilweise Milans Stärken mitbringt, hatte er mir ja schon gesagt. Aber wie sehr er in seiner Energie steht, das wird mir erst jetzt bewusst. In meinem Traum war mir auch eine Ähnlichkeit aufgefallen. So wenig, wie ich einen zweiten Milan gesucht hatte, und so unpassend ich es auch finde, ein Tier mit einem ähnlichen zu ersetzen, so wenig fühlt es sich nach einem Ersetzen an. Ich darf mich einfach freuen, dass mein wundervolles Pferd einen Bruder geschickt hat, der unsere Leben bereichern wird. Vielleicht auf eine ähnliche Weise, wie Milan es tat. Vielleicht auf seine ganz eigene, neue und frische Weise für diesen neuen Abschnitt unser aller Leben.

SCHLUSSWORTE

05.02.2024, Gespräch mit Mouna

Ich: „Mouna, wie geht es dir?“

Mouna: „Es ist alles in Ordnung. Mein Körper wird langsam wieder stärker. Ich habe Milans Tod intensiv miterlebt, mein Körper hat ihn mitgemacht. Du weißt, wie stark ich körperlich in Resonanz gehe mit dem auf das, was meinen Liebsten widerfährt. Mein Zustand nach Milans Tod, meine Symptome, das war wie eine Reinigung davon. Ich konnte gehen lassen, was uns vorher belastete. Ich habe Milan damit auch geholfen, gehen zu können.“

Ich: „Das ist schwer zu verstehen für mich. Warst du so krank, um Milan zu helfen?“

Mouna: „Nein, andersherum. Ich habe Milan geholfen und deshalb war ich krank. Aber auch das ist falsch formuliert. Kranksein gibt es für mich nicht. Ich bin Milan und Milan ist ich. Ich bin du und du bist ich. Mein Körper ist vereint mit seinem, mit deinem. Ein Stück von mir gehört ganz euch, so ist es in meinem Leben. Auch mit Makani. Mein Auftrag ist die absolute Liebe, das weißt du doch.“

Ich: „Ja, das weiß ich.“

Mouna: „Und zur absoluten Liebe gehört bei mir diese große

Seelenschnittmenge, diese starke Vereinigung und damit auch das körperliche Erleben unserer gemeinsamen Prozesse. Mein Körper ist dabei ein Werkzeug."

Ich: „Das ergibt etwas mehr Sinn. Aber es fällt mir noch schwer, das so zu sehen. Du bist mein liebes Pferd, meine kleine, liebliche Stute. So zart, so sanft. Und doch so stark. Ich möchte dich in deinem Körper in Lebensfreude und Kraft sehen. Du strahlst innerlich, du darfst auch nach außen strahlen."

Mouna: „Mein Körper ist nicht dazu da, um immer nur zu strahlen. Er ist ein Werkzeug. Ich erkläre es dir noch etwas besser. Er ist wie ein Filter, wie ein Prozessor. Ich nehme auf, was um mich herum ist. Das, was mir am nächsten steht, beeinflusst mich am meisten. Ich nehme es also auf, und wenn es etwas ist, das Transformation benötigt, dann wandle ich es. Ich verändere es in meinem Körper zu etwas, das neutral wird und gehen darf. Es fließt in mich hinein und landet in meiner absoluten Liebe. Ich gehe dabei nicht aus der Verbindung heraus, sondern bleibe immer unverwandt darin."

Ich: „Ja, das kann ich spüren, du bist immer sehr nahe."

Mouna: „Ja, und das Aufgenommene fließt durch diese Liebe hindurch. Es wird dabei transformiert. Ist es der Liebe wenig ähnlich, dauert der Transformationsprozess länger und ist damit intensiver. Je ähnlicher es der Liebe aber ist, umso weniger hat mein Körper damit zu tun, dann geht es auch schneller."

Ich: „Möchtest du mir damit beschreiben, dass deine lange Krankheit, in der du ganz offensichtlich auf meine Lebensumstände reagiert hast, also auf die Überarbeitung und das Unglücklichsein in Deutschland, dazu meine traumabedingten Glaubenssätze, dazu diente, all das mitzutransformieren? Dass alles davon, was in unserer Seelenschnittmenge, also auch in deinem Leben aufzufinden ist, durch dich hindurchfloss und du es dadurch geheilt hast?"

Mouna: „Ja, wenn du es vereinfacht menschlich ausdrücken

möchtest, dann ja. Hätte ich das nicht getan, wären wir jetzt nicht hier."

Ich: „Dass du dabei entgiftest und dich von etwas löst, das hattest du mir damals schon gesagt."

Mouna: „Ja, genau. Und bei Milans Krankheit und seinem Abschied von dieser Welt war es genauso. Ich habe mittransformiert, was er durchgemacht hat. Ich habe es durch meine Liebe fließen lassen und mein Körper hat geholfen, es umzuwandeln. Dass ich das mitgemacht habe, hat ihm auch insofern geholfen, dass es nicht sonderlich lange gedauert hat. Du weißt, dass Milan nicht lange in dem Zustand hatte bleiben wollen. Ein in der Bewegung eingeschränktes Leben als Pferde-Opa, der nicht richtig galoppieren kann, das war nicht in seinem Sinne. Dass es nur ein halbes Jahr gedauert hat, bis er gehen konnte, und dass er es schließlich akzeptiert hat und damit seinen Frieden machen konnte, dass er dann tatsächlich schwächer wurde und sein Körper nicht mehr funktionierte, das hat er auch mir zu verdanken. Du weißt, wie hart und festgefahren Milans sturer Kopf manchmal war. Da war viel zu lösen, und ich habe ihm geholfen. Meine Seelenschnittmenge mit Milan ist auch sehr groß und ich konnte ihm und mir helfen. Seine Themen durften gehen, für uns beide und für uns alle. Ich bin jetzt leichter. Das siehst du ja."

Ich: „Ja, das sehe ich. Manchmal mache ich mir deshalb Sorgen, das weißt du ja. Du wirkst so zerbrechlich."

Mouna: „Tatsächlich bin ich sehr zäh und habe noch viel Kraft. Habe ich jemals zerbrechlich aus meinen Augen geschaut?"

Ich: „Nein, noch nie. Du hast immer aus den Augen gestrahlt, sogar in den dunkelsten Momenten. Das hat mich immer fasziniert. Deine Kraft im Innen, die kann ich spüren, und manchmal bekomme ich es nicht zusammen. Dein Äußeres entspricht nicht deinem Inneren."

Mouna: „Doch, tut es. Ich bin gezeichnet vom Leben. Davon, meinen Körper zu benutzen, um zu transformieren. Du hast es lange nicht verstanden. Mein Körper ist nicht hier, um zu machen, das stimmt. Nicht, um auf weltlicher Oberfläche damit immerzu zu laufen oder Menschen zu tragen. Aber er ist dazu gemacht, meine lichtvolle Art, meine Heilerinnentätigkeit mit ihm auszuführen."

Ich: „Oh, du bist eine Heilerin. Das ergibt Sinn."

Mouna: „Du bist auch eine Heilerin."

Ich: „Hm, ja, aber ich bezeichne mich nicht gern so."

Mouna: „Ja, und das ist Teil des Problems. Du darfst aufhören, zu schaffen. Es geht nicht um die Leistungsfähigkeit deines Körpers. Es geht um die Heilungsfähigkeit deines Körpers."

Ich: „Heilungsfähigkeit für mich, also für meinen Körper? Oder für andere?"

Mouna: „Für dich und für andere."

Ich: „Aber wenn ich dich dabei als Beispiel nehmen sollte, das würde mir Angst machen. Du hast so viele Symptome und Leiden, seitdem ich dich kenne. Und ja, ich habe das auch. Symptome, Diagnosen, gegen die ich mich genauso wehre wie du und die ich teilweise geheilt habe."

Mouna, unterbricht mich: „Ja, und wie hast du sie geheilt?"

Ich: „Mit meinen Gedanken. Ich habe die vermeintlichen Wahrheiten über Diagnosen nicht angenommen. Laut einem Arzt säße ich seit zwanzig Jahren im Rollstuhl. Aber meine Gelenkprobleme sind heute, mit bald Mitte 40, fast weg."

Mouna: „Ja, und wie hast du das gemacht? Außer die falschen Wahrheiten nicht anzunehmen?"

Ich: „… Ich weiß es nicht."

Mouna: „Doch, du weißt es. Aber du hast noch Angst davor. Das ist ok. Du hast noch Angst vor der Verletzlichkeit, vor der Versehrtheit. Ich habe davor keine Angst. Ich lasse von der äußeren Definition über Krankheit, angebliches Leid und Schmerzen kein Urteil über mich fällen. Ich nehme all das an als Heilungsweg. Alles davon ist dazu da, um es zu transformieren. So sehr, wie ich im Kontakt und in Verbindung zu meinen Liebsten bin, so richtig ist es, diese Arbeit zu vollführen. Du sagst zwar, dass ich nicht gut verkörpert wäre und ich deshalb so viel körperliches Leid erfahre. Aber ich sage dir jetzt, wie es wirklich ist. Jetzt bist du bereit. Ich bin sehr gut verkörpert und ich nutze meinen Körper für das, wofür er mir gegeben wurde. Ich heile. Ich transformiere. Ich liebe. Ich gebe. Und das ist auch dein Auftrag. Hab keine Angst mehr davor. Du tust es bereits. Die ganze Zeit schon."

Ich: „Ich möchte kein körperliches Leid, wenn es das braucht, um zu heilen. Mein Körper hat schon zu viel Schwere erlebt."

Mouna: „Was möchtest du?"

Ich: „Ich möchte Leichtigkeit. Ich möchte Entspannung, Ruhe, Selbstliebe. Ich möchte sein dürfen, ohne mich über meine Leistung zu definieren. Ich möchte absolute Fülle auf allen Ebenen. Ich möchte nicht mehr schauen müssen, wie ich uns alle nächsten Monat versorgt bekomme. Ich möchte einfach sein, nach außen strahlen. Annehmen, was ist. Wissen, dass alles bereits da ist. Ich möchte absolutes Urvertrauen darin, dass ich versorgt bin. So wie es mein Büffel immer schon gesagt hat."

Mouna zeigt mir, wie sie am Strand entlanggeht Richtung Sonnenuntergang. Makani geht hinter ihr her, so wie auch ich. Sie geht ins Wasser, in die Sonne hinein. Sie verschwindet im Wasser, wir dann mit ihr. Wir tauchen tief, es ist dunkel. Ich überlege kurz, ob wir uns jetzt auf einer schamanischen Reise befinden. Es geht immer weiter runter.

Mouna sagt: „Das Urvertrauen liegt auf dem Grund des Meeres. Am tiefsten Punkt der Erde, dort, wo du dem Erdkern am nächsten bist."

Ich: „In der Erde fühle ich mich zuhause. Ich empfinde mich als gut geerdet. Was sagst du dazu?"

Mouna: „Eigentlich bist du das, ja. Aber derzeit hast du dich etwas verloren. Du weißt nicht mehr, wo oben und wo unten ist, und möchtest dich nicht spüren. Das macht es nicht leichter. Aber es ist okay. Ich helfe dir. Es ist gut, dass du auf unser Grundstück kommst, dass ihr aus dem gemieteten Haus auszieht und auf unserem Boden ankommt. Den, den ich jeden Tag beschreite. Jeder Schritt, den ich in der Dämmerung und immer dort tue, auch um den Insekten zu entkommen, segnet den Boden mit Verbindung und Liebe. Je näher ich dir sein kann, während ich das tue, umso besser bist du geerdet. Auch deshalb sage ich dir seit Jahren jeden Tag, dass ich dich näher bei mir brauche. Deshalb ist deine Sehnsucht so groß danach, mit uns Pferden direkt auf einem Fleck zu leben, auch wenn du jetzt nur 50 Meter weiter drüben bist. Uns nicht sehen zu können von dort drüben und nicht denselben Untergrund zu bewohnen, sondern den Boden von anderen Menschen, das tut dir nicht gut. Die Erdung ist dort drüben unmöglich. Das Feld ist dort sehr gestört."

Ich: „Das entspricht auch meinem Gefühl, aber dann denke ich oft, dass ich das nur als Ausrede nehme."

Mouna: „Ausrede wofür? Nichts, was du spürst, ist falsch. Du darfst alles spüren. Es wird dir helfen! Lass deine Angst davor gehen. Es ist Zeit. Hab keine Angst mehr vor der Verbindung, sondern lebe sie. Auch im Privaten, besonders dort. Deine Arbeit wird davon neu aufleben, einen neuen Pfad beschreiten."

Ich: „Mouna, danke von Herzen. Ich liebe dich so sehr. Schön, dass du noch da bist."

Mouna: „Ich liebe dich. Ich bin immer da."

05.02.2024 Gespräch mit Makani

Ich: „Hallo, Makani, mein Schöncr."

Makani: „Hallo! Gestern war es lustig."

Ich: „Meinst du, als ihr nachts unterwegs wart? Ich habe einfach den Zaun offen gelassen auf der Wiese, das tut mir leid."

Makani: „Nein, es war toll! Wir sind herumgezogen und haben überall leckeres Grün zum Fressen gefunden. Mouna war abenteuerlich gelaunt und das hat mir richtig Freude bereitet. Sie hat uns sehr gut geleitet auf unserer Futtersuche und gut auf mich aufgepasst. Wir haben uns nicht in Gefahr gebracht und sind nahe den Grundstücken geblieben. Mouna hatte eine große Ruhe, obwohl wir an Orten gedöst haben, an denen wir noch nie waren."

Ich: „Ja, das kann ich mir vorstellen. Das war bestimmt sehr aufregend. Ich habe mich ganz schön erschrocken, als ich euch morgens nicht auf der Weide traf. Danke, dass du mir direkt gesagt hast, wo ihr wart."

Makani: „Na klar."

Ich: „Ja, so konnte ich mir die Panik gleich sparen und direkt zu euch fahren. Auf dem Weg hat mich noch jemand angehalten und mir gesagt, wo ihr seid, und dabei dieselbe Formulierung benutzt, wie du. Das fand ich witzig."

Makani: „Ja, ich habe dem auch Bescheid gesagt, damit er dich benachrichtigt, falls du zweifelst oder Angst bekommst."

Ich: „Wie lieb von dir. Es klingt, als hättest du dich mit Mouna amüsiert."

Makani: „Ja. Sie war es auch, die mich animiert hat, dass wir tatsächlich richtig losziehen."

Ich: „Ja, ihre Wildpferdinstinkte sind sehr gut für sowas. Sie kann die Herde gut zu Futterquellen führen und dabei für Sicherheit sorgen. Das hat sie mir schon vor sehr vielen Jahren als ihre Herdenaufgabe mitgeteilt."

Makani: „Ich freue mich so besonders darüber, weil es bedeutet, dass sie wieder mehr Kraft dafür hat, ein Pferd zu sein, und dass sie Teil unserer Herde bleiben will. Es hat ihr auch Spaß gemacht. Sie ist wieder lebendiger."

Ich: „Ja, so sehe ich es auch. Mal schauen, wie lange das so ist.

Mouna lebt nach höheren Regeln und ich halte ihr den Weg aus diesem Leben immer offen."

Makani: „Ja, das ist richtig so. Aber ich möchte sie noch etwas bei mir behalten. Wenn Mayan dann kommt, wird es richtig toll. Dann erleben wir wieder Abenteuer alle gemeinsam."

Ich: „Meinst du?"

Makani: „Na klar. Das wird richtig gut. Mach dir keine Sorgen darüber."

Ich: „Derzeit fühle ich mich etwas verloren, stelle vieles in Frage."

Makani: „Ja, ich weiß. Möchtest du einen Tipp?"

Ich: „Oh ja, bitte. Du bist so gut im Tippgeben, das zeigt sich wirklich schön in unserem Online-Kurs ‚Sprich mit deinem Pferd', in dem du meinen Schülern so gut hilfst. Danke dafür, Makani."

Makani: „Sehr gerne. Ich bin dafür hier, um Menschen zu lehren. Du kannst noch mehr an mich abgeben. Ich bin da, habe viel Energie. Ich mache das!"

Ich muss schmunzeln: „Okay, Makani. Ich weiß noch nicht, wie. Aber ich behalte es im Gedächtnis."

Makani: „Es kommt. Aber jetzt geht es erst einmal um etwas anderes. Es geht darum, dass du dich genießt. Dass du die Augen schließt, die warme Luft einatmest und die Sonne auf der Haut spürst. Es geht darum, dass du in den Wellen tobst und mit uns über den Strand fliegst. Es geht darum, deine Liebe zu spüren."

Ich: „Danke, Makani. Du sprichst immer davon, dass ich in Freude jeden Schritt hier genießen darf. Ich bemühe mich darum."

Makani: „Aber bemühen ist doch nicht freuen! Mühe, die ist Vergangenheit. Leichtigkeit, Freude! Das ist das Programm."

Ich: „Ach, Makani. Ich habe immer noch das Gefühl, dass ich erst entspannen darf, wenn ich ein Haus gebaut habe und genug Land für uns gekauft habe oder wenn ich den Stall endlich bauen kann. Immer noch denke ich im „Wenn–Dann-Prinzip". Dabei weiß ich längst, dass es so nicht geht. Aber, Makani, ich verdiene es doch, wir verdienen es. Das weiß ich. Wieso muss es denn bloß so lang dauern, wieso muss es so schwer sein? Schon über zwei Jahre sind wir nun hier in Costa Rica. Und ich habe es gerade mal so geschafft, uns nun einen winzigen Wohnwagen ausbauen zu lassen, der dann wenigstens auf unserem Grundstück steht. Dabei hätten Milan und Mouna beide ein Stallgebäude so gut gebrauchen können. Dabei wären die großen Wiesen drüben auf dem Safari-Grundstück so perfekt für alles. Dabei wäre es so höchste Zeit, dass unser Haus endlich gebaut wird. Schon so lange habe ich das alles so genau vor Augen. Wieso darf es denn bloß nicht passieren?"

Makani: „Weil du noch nicht so weit bist. Möchtest du so weitermachen, wie bisher? Von Ort zu Ort ziehen, von einer Verbindung in die nächste? Möchtest du weiterhin schaffen und dich auslaugen bis zum Letzten? Niemals ankommend?"

Ich: „Nein, Makani. Ich möchte zuhause sein. Mit dir und Mouna und Mayan und uns allen."

Makani: „Dann sei zuhause. Schau, wie schön es ist!"

Makani zeigt sich, wie er in die Wellen galoppiert. Wie wir zu viert über den Strand fliegen. Ob es Milan ist oder Mayan, den ich reite, das ist nicht deutlich sichtbar. Es wechselt. Er zeigt mir den Blick von oben auf unseren Strand, er zeigt mir das Grab von Milan, welches ich aus dem Bett meines Wohnwagens werde sehen können. Er lässt mich die Fülle dieses Ortes spüren. Er zeigt mir ein Bild davon, wie ich lache.

Ich: „Makani, du hast recht. Es ist schwer."

Makani: „So schwer ist es gar nicht. Du machst das gut. So wie du es jetzt machst, machst du es gut. Der Wandel ist im Prozess. Du schaffst das schon! Ich bin da und ich liebe dich. Ich bin immer da."

Ich: „Danke, Makani. Ich liebe dich sehr. Mein wildes Pony."

Makani schüttelt wild den Kopf, der Wind zerzaust seine Mähne. Er steigt und bockt freudig zum Abschied. Ich muss lachen, so viel Kitsch. Nein. So viel Schönheit.

05.02.2024, Gespräch mit Milan

Ich: „Milan, ich brauche deine Hilfe. Oder vielleicht war es auch deine Idee. Möchtest du mit mir das letzte Kapitel meines dritten Buches zu Ende schreiben? Es sollte ein Abschlusswort werden, aber ich fand, dass alles, was ich dazu schreiben könnte, wie Pferde unser Leben begleiten und wie wir diesen gemeinsamen Prozess durch Tierkommunikation noch vertiefen können, irgendwie zu oberflächlich wäre. Deshalb habe ich damit begonnen, Mouna und Makani zu befragen. Aber der tatsächliche Abschluss für das gesamte Buch, den suche ich bei dir."

Milan: „Das ist gut so. Es war meine Idee. Danke, dass du sie gehört und aufgenommen hast. Ich bin da und ich liebe dich. Das ist das Erste, was ich dir sagen möchte. Wir sind alle da. Du hast eine ganze Herde von Helfern hinter dir. Sie ist eine Zusammenstellung aus Pferden und anderen Tieren, denen du geholfen hast, denen du begegnet bist oder die dir geholfen haben. Es sind Krafttiere und verstorbene Tiere und lebende Tiere. Es sind auch Menschen. Wir alle stehen hinter dir, und du wirst immer geschützt sein, so wie du uns auch immer schützt. Es wird dir nichts passieren. Wir alle helfen dir, deinen Lebensauftrag Schritt für Schritt immer weiter zu erfüllen. Du brauchst nichts weiter dafür zu tun. Wie auch schon in den letzten fünfzehn Jahren, seitdem du dich deinem Auftrag verschrieben hast, indem du ihn annahmst, wirst du auf deinem Weg geleitet werden. Du wirst die richtigen Menschen, Tiere und Vorkommnisse in dein Leben gespielt bekommen, als wären es Zufälle. Es wird immer alles so passieren, dass es am Ende einen Sinn ergibt und passt. Ganz egal, wie schwer du dich mit etwas tust, alles passiert zu deinem Besten. Du weißt das längst, aber scheinbar nur auf der Ebene deiner Arbeit.

Deine Arbeit, die hast du längst erfüllt, auch das weißt du. Du hast bereits mehr geleistet, als für ein Leben überhaupt vorgesehen ist."

Ich: „Ja, so fühle ich mich auch."

Milan: „Dieses Buch. Hast du es über deine Arbeit geschrieben?"

Ich: „Hm. Nein, eigentlich über mich. Anscheinend ist es eher wie ein privater Bericht geworden. Wie ein Blick hinter die Kulissen, um besser zu verstehen, dass mein Leben, wie man es von außen sieht, kein Produkt meiner harten Arbeit ist. Sondern ein Produkt dessen, dass ich es zugelassen habe, mit euch in Verbindung und Absprache zu stehen. Als Interspezies-Familie zu leben. Natürlich hängt alles absolut damit zusammen, dass ich gelernt habe, mit Pferden, allen Tieren und der Natur zu sprechen. Es hängt auch damit zusammen, dass ich dadurch gelernt habe, mir selbst besser zuzuhören. Ihr seid dabei meine großen Helfer. Aber du hast recht. Es ist kein Buch, welches ich als Lehrerin der Tierkommunikation geschrieben habe. Sondern eines, welches ich als die Privatperson dahinter geschrieben habe. Die verletzliche Catherin, die auch nur irgendwie versucht, den Lebensweg zu gehen und dabei ihren Tieren das bestmögliche Leben zu schenken, und die dabei erfährt, dass dies auch der Schlüssel zu ihrem eigenen Glück ist. Wenn sie wahrhaftig zuhört."

Milan: „Ja. Das ist mutig von dir."

Ich: „Findest du? Mutig finde ich es, 32 Menschen in einem Jahr zu professionellen Tierkommunikatoren mit Fachrichtung Pferd ausgebildet zu haben. Und fast alle dachten, sie würden einfach nur lernen, mit Pferden zu sprechen, und wüssten dann, wo der Sattel drückt. So viele sind dabei auf ihren Weg gestoßen worden. Haben von ihren Pferden so tiefe Einsichten über sich und ihr Leben erhalten, dass es manchmal grenzwertig für sie war, das in der Gruppe unter meiner Leitung zu erleben. Das alles zu halten und dabei gut zu unterrichten, das war mutig. Meinst du nicht?"

Milan: „Schon, aber das würde ich eher kühn nennen. Denn dabei hast du bloß getan, was du wirklich gut kannst. Auf dem Gebiet bist du sicher, ganz egal, wie anstrengend es war. Aus sicherer Leistung Bestätigung zu erfahren, ist für dein Herz leer. Daraus ziehst du nichts, was deine Seele nährt. Es nährt nur dein Ego."

Ich: „Meinst du damit, die Arbeit der letzten Jahre war nicht richtig für mich?"

Milan: „Ich meine damit, dass du sie einseitig betrieben hast. Zu viel davon. Aber das weißt du schon. Du bist keine Maschine, die funktioniert, nur weil man das richtige Öl reinkippt. Du hast zu wenig auf dein Seelenheil geachtet. Zu viel getan. Getrieben von deinem traumabedingten Glaubenssatz, du wärst nur liebenswert, wenn du viel leistest und viel gibst. Erinnert dich das an etwas? Daran, was die Pferde dir so oft sagen in den Pferdegesprächen. Wir tauschen hier und heute die Rollen. Du bist das Pferd, mit dem gesprochen wird. Ich bin der Gesprächführende. Ich habe bereits verstanden, dass du müde bist und nicht mehr über deine Leistung definiert werden möchtest. Stimmt das?"

Ich: „Ja. Das stimmt." Sofort beginne ich, zu weinen.

Milan: „Und du hast eine große Sensibilität, eine Hypersensibilität. Eigentlich bist du ein Pferd mit viel innerer Kraft und Weisheit. Bist so schon auf die Welt gekommen, richtig?"

Ich: „Ja …"

Milan: „Und je älter du wirst und je mehr du damit für die Menschen leistest, umso leerer fühlst du dich?"

Ich: „Ja, das stimmt. Ich habe das Gefühl, ich kann nicht mehr."

Milan: „Ja, du lahmst ja auch schon und brauchst immer wieder Leistungspausen. Aber dann stützt man sich wieder auf dich und du musst performen, obwohl du gar keine Lust mehr hast."

Ich: „Auch richtig."

Milan: „In deiner Herde schätzen dich alle und sehen dich als starke, gut geerdete Stute, die ihren Schutz über alles legt. Du bist ruhig, manchmal zurückgezogen, aber immer präsent, wenn du gebraucht wirst. Du wirkst manchmal etwas ernst, dennoch liebevoll und hast einen traurigen Ausdruck in den Augen. Du bist kein Pferd, welches von seiner Sensibilität geschwächt wird, oder?“

Ich: „Hmm, nein. Ich glaube nicht. Ich hatte schon immer das Gefühl, gut geschützt zu sein und keine Abgrenzungsarbeit leisten zu müssen, um Dinge gehen zu lassen, die nicht zu mir gehören.“

Milan: „Was ist es dann, was dich so anstrengt dabei? Alle anderen sehen dich als stark, kraftvoll, mit großem Herzen und viel Liebe. Etwas introvertiert, aber omnipräsent. Du leidest nicht, bist nicht fragil unter deiner großen Sensibilität. Du lebst dein Leben gut. Weißt, wer du bist und was du willst. Du nutzt deine Sensibilität. Für dein Umfeld und deine Familie. Was ist es dann, das dich schwächt?“

Ich: „Mein eigener Anspruch.“

Milan schweigt, schaut mich an, stimmt mir wortlos zu. Ich spüre unsere Seelenschnittmenge, denn ja, er kennt das. Er weiß, wovon ich rede. Mir wird klar, dass er Ähnliches erlebt hat in seinem Leben. Ich muss weinen, vermisse ihn gerade mehr denn je.

Ich: „Milan, wie hast du es da herausgeschafft?“

Milan: „Durch Mouna. Sie hat nicht aufgegeben, mich zu spüren, zu lieben und zu filtern. Und durch Makani. Er hat nicht aufgegeben, nur die Freude zu sehen, und hat sich nicht herunterziehen lassen von meiner Schwere. Er hat zu mir aufgeschaut als Sohn. Und durch dich. Du hast mich einfach geliebt und sein gelassen, wie ich bin. Hast mich immer bewundert und mir alles gegeben, was du hattest. Deinen Raum, alle Zeit und deine Liebe.“

Ich: „Ach, Milan. Ist es das schon? Mich weiter zu verbinden mit meinen Liebsten, ohne Angst? Immer noch einen Schritt weiter?“

Milan: „Ja, mit allen Wesen. Nicht bloß mit uns Pferden oder mit deinen Hunden. Mit allen Wesen. Auch mit Menschen, auch mit Bäumen. Auch mit dem Boden, der dich trägt. Mit dem Meer. Mit dir selbst. Mit allem, was ist. Der Schlüssel zu deiner Leichtigkeit ist die Verbindung, die du so oft scheust. Je verbundener du bist, umso mehr wirst du getragen. Es ist dein Auftrag, die Verbindung aller Wesen in dieser Welt deutlicher zu machen.

Du bist nun auf einer neuen Stufe damit angekommen. Lasse alle Sicherheiten dabei los. Mache nichts mehr und schon gar nicht richtig. Sei einfach, lebe deine Fülle. Und schaue, wer zu dir kommt. Was zu dir kommt. Ich habe dir Mayan geschickt, er wird dir dabei helfen. Makani wird dir dabei helfen, Mouna auch und deine Hunde."

Ich nicke und versuche, das anzunehmen. Gehört habe ich es schon mal so ähnlich, und es ist mir irgendwie klar, aber es ist noch nicht in meinem Herzen angekommen. Meine Angst ist zu groß. Die Angst, dass, wenn ich mich auf andere verlasse, mich auf andere stütze, ich dann nicht überlebe.

Milan atmet tief aus. Er bittet mich, mit ihm zu atmen. Ich atme tief. Spüre die Angst in meiner Brust sitzen. Er fragt: „Spürst du sie?", und ich sage: „Ja." Und Milan sagt: „Das ist okay. Mehr gibt es nicht zu tun." Ich atme weiter tief, es beruhigt mich. Milans Präsenz beruhigt mich. Wenn alle so wären wie Milan, dann hätte ich keine Angst mehr.

Ich: „Milan, was ist mit denen, die mir Energie rauben?"

Milan: „Was soll mit denen sein?"

Ich: „Wie soll ich mit ihnen umgehen? Vor denen habe ich besonders große Angst."

Milan: „Bist du denn schwach davon, mit ihnen umzugehen?"

Ich: „Nein, eigentlich bin ich schwach von mir selbst, das haben wir ja schon festgestellt. Ich bin nicht wirklich geschwächt von denen, die meine Energie sehr beanspruchen."

Milan: „Richtig. Das kann alles so bleiben, du machst das schon. Schau dir immer mal wieder deine Angst an und woher sie kommt. Umarme sie. Atme. Dann wird sie weniger. Ich stehe dir bei, ich mache dann mit. Aber am Umgang mit solchen, die dir Energie nehmen, brauchst du nichts zu ändern."

Ich: „Oh, ja, das ist gut. Danke, Milan."

Ich zögere. „Milan, ist das hier nicht alles etwas zu privat oder zu ichbezogen für mein Buch?"

Und Milan lächelt. Er sagt: „Nein, du kennst das doch. Die Menschen finden sich in deiner Geschichte wieder und du hilfst ihnen, wenn du unsere Bindung ehrlich teilst. Sie wollen authentisch von dir wissen, wie es ist, mit Pferden zu sprechen. Sie möchten davon für sich selbst lernen. Du hast schon instinktiv richtig gehandelt, indem du seit meiner Krankheit viel mehr von uns geteilt hast, als zuvor."

Ich: „Da wusste ich erst gar nicht, wieso ich das tun sollte, was es für meine Arbeit bringen sollte. Denn ich hatte ja selbst keinen Plan, die Sache dahinter noch nicht verstanden und wusste auch nicht, was richtig ist. Aber ich habe auf dich gehört. Mich hat mal eine Absolventin in dieser Zeit gefragt, wie ich es schaffe, das alles so offen mit der Welt zu teilen. Ich habe ihr geantwortet, dass ich es nur kann, weil du mich darum gebeten hast und weil du immer schon ganz gern öffentlich warst."

Milan: „Nun weißt du, wieso. Dies ist dein neuer Weg. Du brauchst keine Angst mehr vor der Öffentlichkeit zu haben. Ja, es gibt Neider und dumme Kommentare. Aber das war immer schon so."

Ich: „Und viel weniger, als ich anfangs dachte."

Milan: „Ja, das kannst du locker wegstecken. Dein Umgang damit ist gesund. Geh einfach immer weiter in diese Richtung. Es kann dir nichts dabei passieren."

Ich: „Danke, Milan. Aber jetzt bitte ich dich, dein Wort an die Leser dieses Buches zu richten. Nein. Ich bitte dich, dein Wort an die Leserin oder den Leser genau dieses Buches, also dieses Exemplars zu richten, welches hier in diesem Moment gerade gelesen und in den

Händen gehalten wird, in welcher Form auch immer. Bitte finde ein Abschlusswort für diesen Menschen, der bis hier gelesen hat und der zugelassen hat, Neues zu erfahren. Der teilgenommen hat an unserer Geschichte und der daraus lernen möchte. Der später vielleicht zu seinem Pferd, seinem Hund, seiner Katze, seinem Kind oder seinem Partner geht und die Verbindung spürt, die über das Offensichtliche hinausgeht. Bitte sprich zu dem, der sich traut, den wahren Mut aufzubringen und die echte Verbindung in Liebe zu leben. Ohne Angst und in dem Wissen, dass er geschützt ist, gerade weil er liebt."

Milan: „Lieber Mensch auf der anderen Seite des Blattes. Du gehörst dazu. Du bist Teil unserer Geschichte, weil du das liest. Du bist es, der die Tür zum Raum dazwischen geöffnet hat und mit dem Lesen dieses Buches hindurchgeschritten ist. Du bist es, der nun zu mir und meiner Wahl-Familie gehört. Du bist Teil der Herde, du bist meine Schwester, mein Bruder, du bist Teil von mir und ich bin Teil von dir. Die Illusion der Separation, des Mangels, der Materie, sie ist aufgelöst durch deinen Akt des Mutes, dich auf das einzulassen, was hier geschrieben steht. Du bist nie allein, nie verloren und nie getrennt, wenn du dich daran erinnerst, dass wir verbunden sind. Ich bin für dich da, wir sind alle für dich da und dein Pferd ist am allermeisten für dich da. Dein Pferd liebt dich. Ganz egal, welche Vorkommnisse ihr erlebt habt. Ganz egal, was du von dir hältst oder welche Zweifel dich plagen. Es ist so leicht für uns, euch kleine Menschen einfach nur zu lieben. So leicht, wie es für dich ist, dein wunderschönes Pferd ins Herz zu schließen. Und wenn du nur das verstanden hast, dass es dieses liebende Band zwischen euch gibt, dann hast du bereits alles getan, was es zu tun gibt. Du bist es. Du bist die Liebe. Ich liebe dich."

SERVICE

ZUM WEITERLESEN

Rashid, Mark: **Aus Liebe zu den Pferden**, Meine Begegnungen mit Charakterpferden; KOSMOS 2024
Emotional und unterhaltsam erzählt Mark Rashid, der Horseman aus Colorado, von unvergesslichen, beeindruckenden und ganz persönlichen Begegnungen mit Pferden, die sein Leben nachhaltig geprägt haben. Ein Buch, das man zu Recht als eine Zusammenfassung seines Lebenswerks bezeichnen kann.

Ritter, Tina Maria: **Stoffwechselerkrankungen bei Pferden**, Krank ohne Ursache? Umweltgifte erkennen und eindämmen; KOSMOS 2023
Biologin Dr. Tina Maria Ritter schließt in diesem Ratgeber die Wissenslücken von Reitern und Pferdehaltern. Sie zeigt, welche Faktoren zu Krankheiten führen und wie Stoffwechselstörungen bei Pferden mit den richtigen Ergänzungsfuttermitteln in den Griff zu bekommen sind.

Schulte Wien, Beatrix; Keller, Irina: **Praxisbuch Physiogriffe** für Pferde, Wissen, Spüren, Behandeln; KOSMOS 2024
Wellness für das Pferd! Dieses Buch zeigt einfache und wirkungsvolle Handgriffe, mit denen man seinem Pferd Gutes tun kann. Entspannende Massagen und lockernde Fasziengriffe vor, nach oder statt dem Reiten sorgen für ein Wohlgefühl und lösen nebenbei auch so manches Rittigkeitsproblem. Fallbeispiele zeigen,

welche Griffe z. B. bei Genick- oder Rückenproblemen die beste Wirkung haben.

Seib, Catherin: **Wahre Freundschaft mit Pferden**, Erlebnisse einer Tierkommunikatorin, KOSMOS 2022
Tierkommunikatorin Catherin Seib kommuniziert auf telepathischem Wege mit Pferden und gibt diese Fähigkeit in ihren Kursen weiter. In ihrem Buch erzählt sie berührende, verblüffende und aufklärende Erlebnisse und Fallbeispiele aus ihrer täglichen Praxis. Ihre Erfahrungen machen Mut, auch unkonventionelle Wege zu gehen, die eigene Empathie und Intuition zu stärken und auf sein Pferd zu hören.

Seib, Catherin: **Gespräche mit Deinem Pferd**, Erste Schritte zur Tierkommunikatorin, KOSMOS 2023
In ihrem zweiten Buch erklärt Bestseller-Autorin Catherin Seib, wie Pferdemenschen die telepathische Sprache ihrer Pferde erlernen und verstehen können. Leicht verständlich und in anschaulichen Beispielen zeigt sie, wie jeder Schritt für Schritt eine tiefe Verbindung zu seinem Pferd schaffen kann. Angewandte Tierkommunikation schafft Vertrauen, Harmonie und Freude im Umgang zwischen Pferd und Mensch.

Wendt, Marlit: **Die Rechte der Pferde**, Ein Plädoyer für Tierwohl und Ethik; KOSMOS 2023
Was bedeutet artgerechte Haltung und Pferdewohl? Welche Gesetze, Regeln und Rechte gibt es? Und wie beachtet und wahrt man die Bedürfnisse der Pferde? Dieses Buch widmet sich den vieldiskutierten Fragen nach Individualität- und Persönlichkeitsrechten von Tieren und gibt Anregungen für eine artgerechte Haltung, bei der das Wohl des Pferdes im Mittelpunkt steht.

REGISTER

Impressum
Umschlaggestaltung von GRAMISCI Editorial Design, Isabelle Fischer, München unter Verwendung von 6 Farbfotos von Tanja Mikolcic (U1 und Klappen) und Sebastian Seib (U4) .

Alle Angaben in diesem Buch erfolgen nach bestem Wissen und Gewissen. Sorgfalt bei der Umsetzung ist indes dennoch geboten. Der Verlag und die Autorin übernehmen keinerlei Haftung für Personen-, Sach- oder Vermögensschäden, die aus der Anwendung der vorgestellten Materialien, Methoden oder Informationen entstehen könnten.

Gedruckt auf chlorfrei gebleichtem Papier

ISBN 978-3-440-17750-1
Projektleitung und Redaktion: Alexandra Haungs
Gestaltungskonzept: Peter Schmidt Group GmbH, Hamburg
Gestaltung und Satz: DOPPELPUNKT, Stuttgart
Produktion: Claudia Frank
Druck und Bindung: Friedrich Pustet GmbH & Co.KG, Regensburg
Printed in Germany / Imprimé en Allemagne

FSC
www.fsc.org
MIX
Papier | Fördert gute Waldnutzung
FSC® C014889